AF345185

ESSAI

SUR L'HISTOIRE NATURELLE

DES ROCHES.

E S S A I

SUR L'HISTOIRE NATURELLE

DES ROCHES,

Précédé d'un exposé systématique des terres et des pierres.

Ouvrage auquel l'Académie Impériale des Sciences de St. Pétersbourg a adjugé le premier *accessit* ensuite de la question qu'elle avoit proposée en 1783.

Par M. DE LAUNAY, Secrétaire de Sa Majesté Impériale et Royale Apostolique, Membre de l'Académie I. et R. des Sciences et Belles Lettres de Bruxelles.

A BRUXELLES,

Chez LEMAIRE, Imprimeur-Libraire, rue de l'Impératrice.

Et se trouve A PARIS,

Chez CUCHET, Libraire, rue et hôtel Serpente.

Sane multum illi egerunt, qui ante nos fuerunt; sed non peregerunt. Multum adhuc restat operis, multumque restabit.

SENEQUE.

INTRODUCTION.

IL existe dans la nature une classe de substances composées de molécules solides, non-malléables, non-inflammables, inodores, et peu solubles à l'eau. Ces substances se découvrent par l'analyse chymique, par la décomposition de certains corps mixtes, et obtenues par cette voie, elles ne peuvent se réduire à des principes plus simples, ni se décomposer à leur tour.

L'on a donné à ces mêmes substances le nom de *terres simples* ou *primitives*, et celles-ci paroissent être de cinq sortes, savoir, 1°. la *terre siliceuse*, 2°. la *terre argileuse* ou *terre d'alun*, 3°. la *magnésie* ou *terre muriatique*, 4°. la *terre pesante* ou *barote* ou *terre barotique*, et 5°. la *terre calcaire*.

Les terres simples combinées entre elles et mêlées, comme il arrive le plus souvent, avec des principes, ou salins, ou métalliques, ou inflammables, forment 1°. les *terres composées*, c'est-à-dire, ces substances connues sous la simple dénomination de *terres*, et 2°. ces autres productions fossiles qui portent le nom de *pierres*.

De la réunion ou de l'assemblage naturel de plusieurs pierres formant corps ensemble , résultent certaines masses qui ont pris le nom de *roches.*

Lorsqu'on veut considérer systématiquement les terres et les pierres, l'on trouve que les caracteres intérieurs de ces fossiles, c'est-à-dire , leurs principes constitutifs , forment naturellement des *genres* et des *especes*, et que leurs caracteres extérieurs divisent les especes en *distinctions* et celles-ci en *variétés.*

Cet ordre systématique une fois adopté par rapport

aux terres et aux pierres, il convient sans doute d'en chercher un qui lui étant analogue , serve à former une distribution méthodique des roches : et c'est cette dis- tribution qui doit faire l'objet essentiel du présent Essai, dont le plan exige un exposé préliminaire et systématique des terres et des pierres. Je vais passer à cet exposé, dans lequel j'ometterai toutefois bien des observations et des détails qui ne serviroient qu'à m'arrêter mal-à-pro- pos , et qui d'ailleurs se trouvent presque par-tout.

SYSTÉME

ABRÉGÉ

DES TERRES ET DES PIERRES.

PREMIER GENRE.

Substances à base de terre siliceuse.

PREMIERE ESPECE.

Terre siliceuse combinée avec de la terre argileuse.

PREMIERE DISTINCTION.

CALCÉDOINE.

IL résulte de l'analyse que Bergman a faite de la calcédoine de Ferroé, que 100 parties de cette pierre contiennent 84 parties de terre siliceuse et 16 de terre argileuse.

I. **VARIÉTÉS** *de la calcédoine par rapport à ses couleurs.*

1. Calcédoine grise. [*Chalcedonius griseo spadiceus*, et *chalcedonius lacteus* de WALLERIUS *spec.* 128 , *b* et *d.*]

2. Calcédoine bleuâtre. [*Chalcedonius cærulescens* de BORN *Ind. foss. pars I, pag.* 28. L'*iris chalcedonica* de WALLERIUS *spec.* 128 , *c.* est une calcédoine bleuâtre, qui par des réfractions qu'elle fait éprouver à la lumiere, montre les couleurs de l'arc-en-ciel.]

3. Calcédoine verdâtre. [*Chalcedonius griseo viridis* de WALLERIUS *spec.* 128 , *a.*]

4. Calcédoine rouge. *Cornaline.*

5. Calcédoine jaune. [*Carneolus flavescens* de WALLERIUS *spec.* 127 , *d.]*

6. Calcédoine arborisé. [*Achates mochoensis. Mochus. Dendrachates* de WALLERIUS *spec.* 135 , *l.* Agate arborisée de BOMARE *Esp.* CXLIII. 9.]

7. Calcédoine pointillée. [*Stigmites* de WALLERIUS *spec.* 127 , *f.* On a aussi donné à cette calcédoine le nom de *gemma S. Stephani.]*

8. Calcédoine de plusieurs couleurs disposées par taches ou par veines.

9. Calcédoine composée de couches de différentes couleurs. Cette variété comprend la *sardoine* et l'*onyx*.

10. Calcédoine blanche ou *cacholong*. [Calcédoine blanche opaque de CRONSTEDT § 7. *Achates opalinus, tenax, fractura inæquali. Cacholonius* de WALLERIUS *spec.* 126.]

II. VARIÉTÉS *de la calcédoine par rapport à sa configuration.*

1. Calcédoine en masse indéterminée.

2. Calcédoine en masse naturellement arrondie. (*)

(*) Il ne faut pas confondre les calcédoines, les agates et les cailloux ou silex *naturellement arrondis*, avec les *pierres roulées* : l'arrondissement de ces dernieres est, comme l'on sait, purement accidentel, tout éclat de pierre ou de roche, pouvant se trouver sous une forme arrondie lorsqu'ayant été entraîné par les eaux, il y a essuyé un frottement long et violent; au lieu que certaines calcédoines, un grand nombre d'agates et plusieurs cailloux se sont formés naturellement en masses arrondies, et cela par un méchanisme particulier que j'essayerai d'expliquer ailleurs.

3. Calcédoine en stalactite.

Elle est ou mamelonnée, ou globuleuse ; quelquefois cylindrique et quelquefois conique.

4. Calcédoine crystallisée.

L'on a découvert, il n'y a pas fort long-temps, de la calcédoine grise crystallisée à Nagybania en Transylvanie.

APPENDICE.

CALCÉDOINE DÉCOMPOSÉE.

Elle se trouve fréquemment à Huttenberg en Carinthie.

DEUXIEME DISTINCTION.

OPALE.

Il y a, comme observe Bergman, un très-grand rapport entre cette pierre et la calcédoine.

VARIÉTÉS *de l'opale par rapport à ses couleurs.*

1. Opale blanche.

Elle est opaque et ressemble au cacholong.

2. Opale blanchâtre ou laiteuse. [*Opalus albescens, reflexione diversicolor,
vel cæruleus. Opalus ireos. Opalus orientalis* de WALLERIUS *spec.* 132, *a.*
Opale de couleur de lait ou opale orientale de BOMARE. Esp. CLI. 1.]

3. Opale bleuâtre.

4. Opale jaunâtre.

5. Opale grise.

6. Opale noirâtre.

7. Opale de couleur d'eau.

Cette opale est absolument transparente.

APPENDICE.

OPALE DÉCOMPOSÉE.

[Vulgairement *œil du monde*, en allemand *weltaug*, en latin *oculus mundi.*]

Cette substance qui est opaque, a la propriété de devenir transparente après avoir
trempé quelque temps dans de l'eau.

VARIÉTÉS *de l'opale décomposée par
rapport à ses couleurs dans son état
d'opacité.*

1. Opale décomposée de couleur
blanchâtre.

2. Opale décomposée de couleur jaunâtre.

3. Opale décomposée blanche, avec des taches jaunâtres.

Les opales décomposées que présentent les trois N[os]. précédens, montrent une teinte jaunâtre dans la transparence qu'elles prennent après avoir trempé dans l'eau.

4. Opale décomposée de couleur grise-bleuâtre.

Elle fait voir dans sa transparence, après avoir trempé dans l'eau, le jaune rougeâtre de l'hyacinthe ou le rouge de certains grenats.

TROISIEME DISTINCTION.

PIERRE DE POIX.

[en allemand *pechstein* , en latin *lapis piceus.*]

L'on trouve dans les élémens de minéralogie par M. Kirwan, que la terre siliceuse mêlée avec un quart de son poids de terre argileuse et un tiers de son poids de fer, donne la pierre dont il s'agit ici : M. Wiegleb a fait l'analyse de cette même pierre, et il a trouvé sur 100 parties de celle-ci, 65 de terre siliceuse, 16 de terre argileuse et 5 de fer : les 14 parties restantes se sont perdues dans l'essai.

VARIÉTÉS *de la pierre de poix par rapport à ses couleurs.*

1. Pierre de poix jaune.
2.   d'un brun rougeâtre.
3.   rougeâtre ou rouge.
4.   verdâtre.
5.   d'un noir brunâtre.

APPENDICE.

PIERRE DE POIX DÉCOMPOSÉE.

Elle se présente en forme de croute de couleur blanche ou d'un blanc jaunâtre sur la pierre de poix non décomposée, et quelquefois elle a la propriété, ainsi que l'opale décomposée, de devenir transparente après avoir trempé dans l'eau.

DEUXIEME ESPECE.

Terre siliceuse mêlée avec de la terre argileuse et de l'ochre de fer.

De cette espece est

LE JASPE.

Selon M. Kirwan la terre siliceuse avec un tiers de son poids de terre argileuse et un sixieme ou un septieme de son poids d'ochre de fer, forme la pierre dont il s'agit ici.

I. VARIÉTÉS *du jaspe par rapport à ses couleurs.*

1. Jaspe blanc. [*Ganzweisser jaspis, Milchjaspis , weisser jaspis* de GMELIN trad. de LINNÉ tom. I, pag. 592.]

2. Jaspe gris. [*Jaspis unicolor cana* de WALLERIUS *spec.* 137, *b.*]

3. Jaspe gris-bleuâtre. [*Blaulichtgrau* et *lavendlblauer jaspis* de WERNER, trad. de CRONSTEDT, 1re. partie, pag. 143.]

4. Jaspe jaune.

5. Jaspe verd.

6. Jaspe rouge.

7. Jaspe brun ou brun - rougeâtre [*Rothlichtbraun* , *leberbraun* , *kastanienbraun* et *coffeebrauner jaspis* de GMELIN trad. de LINNÉ tom. I, pag. 590. *Jaspis unicolor spadicæa* de WALLERIUS *spec.* 137, *e.*]

8. Jaspe noir ou noirâtre.

9. Jaspe de plusieurs couleurs disposées par taches ou par veines. Ici se rapporte le *caillou d'Egypte.*

10. Jaspe de plusieurs couleurs disposées par bandes. [*Band - jaspis* de WERNER trad. de CRONSTEDT 1re. partie , pag. 142.]

II. VARIÉTÉS *du jaspe par rapport à sa texture.*

1. Jaspe terreux dans sa cassure. [*Jaspis fractura arida.* Dispositio Musei cæsarei vindobonensis, pag. 39.]

Parmi les jaspes qui appartiennent à cette variété, se trouve celui que l'on connoît sous le nom de *sinople.* Voyez WERNER, trad. de CRONSTEDT, 1re. partie , pag. 145 et suiv.

2. Jaspe luisant dans sa cassure. [*Jas-*

pis fractura glabra. Dis. mus. cæc.
pag. 39.]

TROISIEME ESPECE.

Terre siliceuse mêlée avec de la terre
argileuse et de la terre calcaire.

PREMIERE DISTINCTION.

PÉTROSILEX.

[En allemand *hornstein.*]

I. VARIÉTÉS *du pétrosilex par rapport*
à ses couleurs.

1. Pétrosilex blanc.
2.   gris.
3.   bleuâtre.
4.   blanc-jaunâtre.
5.   jaune.
6.   verdâtre.
7.   rougeâtre.
8.   rouge.
9.   brunâtre.
10.   brun.
11.   noirâtre.
12.   noir.
13.   de plusieurs couleurs.

II. VARIÉTÉS *du pétrosilex par rapport
à sa texture.*

1. Pétrosilex d'une texture uniforme.
[*Petrosilex opacus, æquabilis et levis,
mollior. Petrosilex æquabilis* de WAL-
LERIUS *spec.* 122.]

2. Pétrosilex écailleux. [*Petrosilex
opacus, squamosus, facie fere granulari. Petrosilex squamosus* de WALLE-
RIUS *spec.* 121.]

3. Pétrosilex lamelleux. [*Petrosilex
opacus lamellaris. Petrosilex lamellaris*
de WALLERIUS *spec.* 123.]

III. VARIÉTÉS *du pétrosilex par rapport à sa configuration.*

1. Pétrosilex en masse indéterminée.
2. Pétrosilex crystallisé.
J'ai vu un pétrosilex opaque, de couleur brune, et présentant une crystallisation cubique : il a été découvert à
Joachimsthal en Boheme.

DEUXIEME DISTINCTION.

CAILLOU ou SILEX.

[En allemand *feuerstein*, en latin *pyromachus. Silex communis* et *pyromachus* de CRONSTEDT § 61.]

Selon M. Kirwan, la terre siliceuse avec le quart de son poids de terre argileuse et un quarantieme de son poids de terre calcaire, forme le caillou : et M. Wiegleb a trouvé que 100 parties d'un caillou brun dont il a fait l'analyse, contenoient 80 parties de terre siliceuse, 18 parties de terre argileuse et 2 de terre calcaire.

VARIÉTÉS *du caillou par rapport à ses couleurs.*

1. Caillou blanchâtre.
2.　　　gris.
3.　　　bleuâtre.
4.　　　jaunâtre.
5.　　　verdâtre.
6.　　　rougeâtre.
7.　　　brun.
8.　　　noirâtre.

9. Caillou tacheté.
10.   veiné.

II. **Variété** *du caillou par rapport à sa texture.*

1. Caillou compacte. [*Silex opacus, gregarius, æquabilis, parum squamosus, mollior. Silex æquabilis* de **Wallerius** spec. 115. *Silex opacus, gregarius, textura et facie cornea, levis, mollior. Silex corneus,* spec. 116 du même auteur. *Silex opacus, fractura nitens, cretaceus, durus. Silex igniarius* spec. 117 aussi de **Wallerius.** Caillou à briquet, ou pierre à briquet, ou pierre de corne commune de **Bomare** esp. cxli. Caillou silex demi-transparent. Pierre à fusil, ou pierre fusiliere. esp. cxlii aussi de **Bomare.**]

2. Caillou grenu. [*Silex opacus gregarius visu et attactu rudis, granularis, mollior. Silex granularis* de **Wallerius** spec. 114.]

III. **Variétés** *du caillou par rapport à sa configuration.*

1. Caillou en masse indéterminée.

2. Caillou en masse naturellement arrondie Voyez la note page *xj.*

3. Caillou crystallisé.

Il est crystallisé en doubles pyrami-
des trilatérales. On l'a découvert à Johanngeorgenstadt en Saxe. [WERNER
trad. de CRONSTEDT , 1re. partie ,
pag. 137.]

TROISIEME DISTINCTION.

AGATE.

I. VARIÉTÉS *de l'agate par rapport à
ses couleurs.*

1. Agate grise.
2. Agate jaunâtre.
3. Agate tachetée et veinée.
4. Agate verte pointillée de rouge.
Héliotrope. [*Achates viridis punctis ru-
bris* Disp. mus. cæs. pag. 38. *Jaspis
variegata obscure viridis punctulis ru-
bris. Heliotropius* de WALLERIUS *spec.*
138, *g.*]

En attendant que nous apprenions
quelque chose de plus que ce que nous
savons touchant cette pierre, il paroît
naturel de la placer au nombre des aga-

tes plutôt que parmi les jaspes, vu qu'elle a la demi-transparence de l'agate, tandis que tout jaspe est opaque : du reste, il existe un vrai jaspe verd tacheté de rouge, et qu'il ne faut pas confondre avec l'héliotrope.

II. VARIÉTÉS *de l'agate par rapport à sa configuration.*

1. Agate en masse indéterminée.
2. Agate en masse naturellement arrondie.

L'on voudra bien se rappeller encore une fois la note de la page *xj.*

3. Agate en stalactite.

QUATRIEME DISTINCTION.

QUARTZ.

I. VARIÉTÉS *du quartz par rapport à ses couleurs.*

1. Quartz de couleur d'eau : vulgairement *crystal de roche.*
2. Quartz blanc.
3. Quartz cendré.
4. Quartz jaune. [*Quartzum colora-*

tum flavum de WALLERIUS spec. 98, *d*. et *pseudotopazius spec.* 130, *d*. du même auteur.]

5. Quartz bleu. [*Quartzum coloratum cœruleum* de WALLERIUS *spec.* 98, *c*. et *speudosaphirus spec.* 130, *c*. du même auteur.]

6. Quartz violet. On le connoît généralement sous le nom d'*améthyste.* Voyez WERNER trad. de CRONSTEDT 1re. partie, pag. 115.

7. Quartz verd. [Lorsqu'il est transparent c'est le *pseudosmaragdus* de WALLERIUS *spec.* 130, *f.*]

8. Quartz d'un verd de poireau. *Prase.* Je ne fais ici que suivre WERNER (*a*), LESKÉ (*b*) et KIRWAN (*c*) en plaçant le prase parmi les quartz.

9. Quartz rouge ou rougeâtre. [Lorsqu'il est plus ou moins transparent c'est le *pseudorubinus* de WALLERIUS *spec.*

(*a*) Trad. de CRONSTEDT, 1re. partie, pag. 116.

(*b*) Trad. allemande de WALLERIUS, tom. I, pag. 268.

(*c*) *Anfangsgrunde der Mineralogie*, pag. 119.

t30, *a.* La pierre connue sous le nom d'*hyacinthe de Compostelle* est un quartz rouge opaque.]

10. Quartz noirâtre ou de couleur de fumée. [C'est le *rauch-topas* des Allemands et le *crystallus infumata* de WALLERIUS *spec.* 130, *h.*]

11. Quartz noir.

II. VARIÉTÉS *du quartz par rapport à sa texture.*

1. Quartz compacte. [*Quartzum solidum, attactu pingue, facie nitente. Quartzum pingue* de WALLERIUS *spec.* 95. *Quartzum solidum, pellucidum: quartzum crystallinum* du même auteur *spec.* 96. *Quartzum solidum, opacum, durissimum, aqueo lacteum: quartzum jacobinum* aussi de WALLERIUS *spec* 97.]

2. Quartz grenu. [*Quartzum textura granulata* de CRONSTEDT § 51. *Quartzum fragile, rigidum, facie granulari: quartzum fragile* de WALLERIUS *spec.* 94.]

3. Quartz cellulaire. [C'est le quartz que selon WERNER l'on pourroit nom-

mer en allemand *zelliger quartz*, et en latin *quartzum figura cellulosa*. Trad. de CRONSTEDT, 1re. partie, pag. 108. *Spathum scintillans, diaphanum, planis minus regularibus : quartzum spathosum* de WALLERIUS *spec. 92.*]

4. Quartz feuilleté. [*Quartzum lamellis compositum : quartzum lamellare* de WALLERIUS *spec.* 100. Ici se rapportent le *quartzum purum figuratum, lamellosum album, lamellis parallelis distinctis, ita ut quartzum videatur incisum.* Le *quartzum lamellis distinctis in triangula dispositis* Le *quartzum lamellis inordinatim dispositis.* Le *quartzum lamellis minimis in gyros mæandriformes ordinatis,* et enfin le *quartzum purum figuratum membranaceum album, membrana tenuissima* de BORN. *Ind. foss. pars I, pag. 25.*]

II. VARIÉTÉS *du quartz par rapport à sa configuration.*

1. Quartz en masse indéterminée.
2. Quartz en stalactite.
On a le quartz en stalactite globuleuse et en stalactite cylindrique.
3. Quartz crystallisé. [*Quartzum*

rude crystallisatum : drusa quartzosa de
WALLERIUS *spec.* 101. *Crystallus montana hexagona, pellucida aquea : crystallus montana spec.* 102 du même auteur, et *crystallus montana , hexagona,
clara colorata : crystallus colorata* SPEC.
103 aussi de WALLERIUS.]

QUATRIEME ESPECE.

*Terre siliceuse mêlée avec de la terre
argileuse, de la magnésie et de la
terre pesante.*

De cette espece est

Le FELDSPATH.

[En latin *spathum scintillans.*]

I. VARIÉTÉS *du feldspath par rapport
à ses couleurs.*

1. Feldspath blanc.
2.   blanc-jaunâtre.
3.   gris.
4.   bleuâtre.
5.   verdâtre.
6.   rougeâtre.
7.   rouge-brun.

8. Feldspath brun.
9.   noirâtre.

II. VARIÉTÉS *du feldspath par rapport à sa texture.*

Le feldspath a presque toujours une texture lamelleuse , de là vient que même celui que je nommerai ci-après *feldspath grossier*, et qui est le plus commun , chatoie quelquefois d'une maniere fort sensible ; les Allemands le nomment alors *schielender feldspath* : mais suivant que les lamelles du feldspath sont fines ou grossieres , suivant qu'elles sont diversement disposées entre elles , tout cela forme , par rapport à la texture du feldspath , des variétés qui se distinguent au moyen des dénominations suivantes.

1. Feldspath grossier. [*Gemeiner feldspath* de WERNER , trad. de CRONSTEDT , 1ere. partie , pag. 148. *Spathum scintillans opacum , durum , planis regularibus. Spathum pyrimachum* de WALLERIUS *spec* 91.]

2. Spath de Labrador. [En allemand *labradorstein.*] Voyez Bruckman , 1er. supplément à son ouvrage intitulé *Ab-*

handlung von Edelsteinen pag. 167 et suiv.

3 Œil de chat. [en allemand *katzen-aug. Oculus cati : oculus felis* de WAL-LERIUS *spec.* 133, *a.*]

4. Pierre de lune. [En allemand *mondstein.*] Voyez WERNER , trad. de CRONSTEDT, 1ere. partie, pag. 151 et suiv.

5. Adularia. Nous devons la connoissance et la dénomination de ce feldspath à M. Pini. Voyez l'ouvrage que ce savant Naturaliste a publié sous le titre de *Memoria mineralogica sulla montagna, e suoi contorni di S. Gottardo,* pag. 113 et suiv.

III. VARIÉTÉS *du feldspath par rapport à sa configuration.*

1. Feldspath en masse indéterminée.
2. Feldspath crystallisé.

CINQUIEME ESPECE.

Terre siliceuse mêlée, à ce qu'il paroît, *avec de la magnésie.*

Tel semble être le mélange dont résulte

LE JADE.

[En allemand *nierenstein. Jaspis uni-*

color , particulis subtilissimis, visu et attactu pinguis, durus : lapis nephriticus de WALLERIUS *spec*. 140. Jade, ou agathe verdâtre, ou pierre néphrétique de BOMARE Esp. CXLVIII.]

VARIÉTÉS *du Jade par rapport à ses couleurs.*

1. Jade blanchâtre.
2. Jade verdâtre.
3. Jade d'un vert foncé.

SIXIEME ESPECE.

Terre siliceuse unie à de la magnésie, à de la terre calcaire aérée et imprégnée d'acide spathique, à de l'ochre de cuivre et à de l'ochre de fer. [BERGMAN *Sciag. Reg. min.* § 131.]

De cette espece est

LA CHRYSOPRASE.

[*Prasius viridis flavescens: chrysopras: smaragdo-prasius: smaragdites* de WALLERIUS *spec.* 131, *a.*]

SEPTIEME ESPECE.

Terre siliceuse unie à de la terre ar-

gileuse, à de la magnésie, à de la terre calcaire aërée et à du fer.

PREMIERE DISTINCTION.

T R A P P.

[Basaltes rudis. Trapezium. Dis. mus. cæs. *pag* 41 *et* 42.*]*

I. VARIÉTÉS *du trapp par rapport à ses couleurs.*

1. Trapp verdâtre.
2.　　　　bleuâtre.
3.　　　　rougeâtre.
4.　　　　gris ou noirâtre.
5.　　　　noir.

II. VARIÉTÉS *du trapp par rapport à sa texture.*

1. Trapp compacte. [*Trapezium particulis impalpabilibus* de CRONSTEDT, § 267. 3. *Corneus durus, particulis minimis terreis, in fragmenta cubica vel rhomboidalia fissus : corneus trapezius* de WALLERIUS *spec.* 72. Ici se rapporte la *pierre de touche,* en allemand *probierstein,* en latin *lapis lydius.*]

b 4

2. Trapp grenu. [*Trapezium particulis majoribus granulatis* de CRONSTEDT § 267. 2.]

3. Trapp composé de particules anguleuses. [*Trapezium particulis majoribus acerosis* de CRONSTEDT § 267. 1.]

4. Trapp écailleux. [*Corneus trapezius squamulis oblique nitentibus* de WALLERIUS spec. 172. g.]

DEUXIEME DISTINCTION.

BASALTE.

Il se trouve en colones prismatiques, qui sont ou continues ou articulées. Je dirai ailleurs de quelle maniere l'on peut concevoir l'origine volcanique de cette pierre. Du reste, il est à observer qu'en général, les principes constitutifs du trapp et du basalte se trouvent combinés dans ces deux pierres suivant les mêmes proportions.

SEPTIEME ESPECE.

Terre siliceuse intimement mêlée avec du spath fluor martial bleu, et une petite portion de gypse. [*Minéralogie de*

KIRWAN, pag. 125 de *l'édition fran-*
çoise et pag. 140 *de l'édition allemande.*]

De cette espece est

Le LAPIS-LAZULI.

[En allemand *lazurstein.*]

HUITIEME ESPECE.

Terre siliceuse unie à de la terre ar-
gileuse, à de la terre calcaire et à de
l'eau.

De cette espece est

La ZÉOLITE.

Dans l'analyse que M. Pelletier a faite
d'une zéolite de Ferroé, 100 parties de
cette pierre ont donné 50 parties de terre
siliceuse, 20 parties d'argile, 8 de terre
calcaire et 22 d'eau.

I. VARIÉTÉS *de la zéolite par rapport*
à ses couleurs.

1. Zéolite blanche.
2.　　　　jaunâtre.

3. Zéolite d'un jaune rougeâtre.
4.   rouge.

II. VARIÉTÉS *de la zéolite par rapport à sa texture.*

1. Zéolite compacte. [*Zeolites particulis impalpabilibus vitrea fere facie, solidus, durior : zeolites solidus* de WALLERIUS *spec.* 142.]

2. Zéolite grenue. [*Zeolites particulis minoribus, granularis mollior : zeolites granularis* de WALLERIUS *spec.* 143.]

3. Zéolite lamelleuse. [*Zeolites spathosus* de CRONSTEDT § 110. *Zeolites facie selenitica lamellaris : zeolites lamellaris* de WALLERIUS *spec.* 145.]

4. Zéolite fibreuse.

III. VARIÉTÉS *de la zéolite par rapport à sa configuration.*

1. Zéolite de forme indéterminée.
2. Zéolite crystallisée.

APPENDICE.

ZÉOLITE DÉCOMPOSÉE.

Elle est friable et de couleur blanche.

NEUVIEME ESPECE.

Terre siliceuse unie à de la terre argileuse, à de la terre calcaire et à du fer déphlogistiqué.

De cette espece est

LE GRENAT.

Suivant **M.** Achard, 100 parties de grenat contiennent 48,3 de terre siliceuse, 30 de terre argileuse, 11,6 de terre calcaire et 10 de fer.

I. VARIÉTÉS *du grenat par rapport à ses couleurs.*

1. Grenat jaunâtre.
2.   jaune-verdâtre.
3.   jaune-obscur.
4.   rouge-jaunâtre.
5.   rouge-pâle.
6.   rouge tirant sur le violet.
7.   rouge couleur de feu.
8.   rouge-brun.
9.   brun.
10.   noir.

II. VARIÉTÉS *du grenat par rapport à sa texture.*

1. Grenat compacte. *Grenat fin.* [*Granatus nobilis. Granatus gemma. Disp. mus. cæs. pag. 40. Granatus crystallisatus, pellucidus, rubens, nitens, in igne colorem reticens, lapide liquefcente : gemma granatica* de WALLERIUS. *spec.* 113. *Gemma granatica colore igneo: carbunculus* du même auteur *spec.* 113, *a. Gemma granatica colore flavescente : hyacinthus* aussi de WALLERIUS *spec.* 113, *b. Gemma granatica colore purpureo : granatus orientalis : granatus syriacus* également de WALLERIUS *spec.* 113, *c.* et *gemma granatica nigricans* du même, *spec.* 113, *d.*]

2. Grenat d'une texture grenue. [*Granatus particulis granulatis, figura indeterminata* de CRONSTEDT § 69. 1. *Granatus figura indeterminata, particulis granulatis : granatus rudis* de WALLERIUS *spec.* 110.]

3. Grenat lamelleux. [*Granatus figura indeterminata lamellosus : mater rubini* de WALLERIUS *spec.* 111.]

III. VARIÉTÉS *du grenat par rapport à sa configuration.*

1. Grenat de forme indéterminée.
2. Grenat crystallisé.

DIXIEME ESPECE.

Terre siliceuse unie avec de la terre argileuse, de la terre calcaire, de la magnésie et du fer.

De cette espece est

LE SCORL.

[*Basaltes* de CRONSTEDT § 72 et de WALLERIUS § 64, *B.*]

Au rapport de Bergman un schorl provenant du Vésuve a donné sur 100 parties, 48 de terre siliceuse, 40 de terre argileuse, 5 de terre calcaire, 1 de magnésie et 1 de fer.

I. VARIÉTÉS *du schorl par rapport à ses couleurs.*

1. Schorl blanc.

2. Schorl de couleur cendrée.
3.   verd ou verdâtre.
4.   violet.
5.   bleu.
6.   rouge.
7.   brun-rougeâtre.
8.   brun-jaunâtre.
9.   brun.
10.   noir.

II. VARIÉTÉS *du schorl par rapport à
sa texture.*

1. Schorl spathique. *[Basaltes spato-
sus* de CRONSTEDT § 73. *Basaltes planis cubicis vel rhomboidalibus nitens : basaltes spathosus* de WALLERIUS *spec.*
149.*]*

2. Schorl grenu. [*Scorillus granularis.* Disp. mus. cæs. pag. 41.]

3. Schorl écailleux. [C'eſt la *hornblende* des Allemands. *Corneus facie spa-
tosa striata : corneus spathosus* de WAL-
LERIUS *spec.* 171.]

3. Schorl fibreux. [*Basaltes particulis fibrosis* de CRONSTEDT § 74. *Basaltes radiis minimis fibrosis nitidis compositus : basaltes fibrosus* de WALLE-
RIUS *spec.* 151.]

III. VARIÉTÉS *du schorl par rapport à sa configuration.*

1. Schorl de forme indéterminée.
2. Schorl cryſtallisé.

DEUXIEME GENRE.

Substances ou réellement à base de terre argileuse, ou simplement du genre argileux.

PREMIERE ESPECE.

Terre argileuse unie à de la terre sili-ceuse, à de la terre calcaire aërée et à du fer.

PREMIERE DISTINCTION.

TOURMALINE.

Cette pierre varie quant aux propor-tions de ses principes constitutifs. Berg-man a fait l'analyſe de la tourmaline de Ceylan, de celle du Tirol et de celle du Brésil, et il a trouvé sur 100 parties de la tourmaline de Ceylan, 39 parties de terre argileuse, 37 de terre siliceuse, 15 de terre calcaire et 9 de fer. Sur 100 parties de la tourmaline du Tirol, 42 parties de terre argileuse, 40 de terre siliceuse, 12 de terre calcaire et 6 de fer, et enfin fur 100 parties de la tourmaline du Bréfil, 50 parties de terre argileuse, 34 de terre siliceuse, 11 de terre calcaire et 5 de fer.

DEUXIEME DISTINCTION.

RUBIS.

Suivant Bergman 100 parties de cette pierre contiennent 40 parties de terre argileuse, 39 de terre siliceuse, 9 de terre calcaire et 10 de fer.

VARIÉTÉS *du rubis par rapport à ses couleurs.*

1. Rubis d'un haut rouge. *Rubis oriental.*
2.   d'un rouge bleuâtre. *Rubis balais.*
3.   d'un rouge clair. *Rubis spinel.*
4.   d'un rouge jaunâtre. *Rubicella.*

TROISIEME DISTINCTION.

HYACINTHE.

100 parties de cette pierre contiennent suivant Bergman , 40 parties de terre argileuse , 25 de terre siliceuse , 20 de terre calcaire et 13 de fer.

VARIÉTÉS *de l'hyacinthe par rapport à ses couleurs.*

1. Hyacinthe d'un jaune-rougeâtre.
2.   d'un jaune de miel.
3.   d'un jaune-pâle.

QUATRIEME DISTINCTION.

TOPAZE.

Selon Bergman 100 parties de cette pierre contiennent 46 parties de terre argileuse , 39 de terre siliceuse , 8 de terre calcaire et 6 de fer.

VARIÉTÉS *de la topaze par rapport à ses couleurs.*

1. Topaze d'un jaune vif.
2.   d'un jaune-pâle.

3. Topaze d'un jaune-verdâtre.
4.   d'un jaune-roug. âtre.
5.   d'un jaune tirant sur le brun.

CINQUIEME DISTINCTION.

SAPHIR.

100 parties de cette pierre contiennent suivant Bergman, 58 parties de terre argileuse, 35 de terre siliceuse, 5 de terre calcaire et deux de fer.

VARIÉTÉS *du saphir par rapport à ses couleurs.*

1. Saphir d'un haut bleu. [*Saphirus cyaneus : saphirus mas* de WALLERIUS spec. 106, *a*]

2. Saphir d'un bleu clair. [*Saphirus aqueo dilutus : saphirus aqueus : saphirus fœmina* de WALLERIUS spec. 106, *b.*]

3. Saphir d'un bleu laiteux. [*Saphirus cæruleus subcandidus : leucosaphirus* de WALLERIUS spec. 106, *d.*]

4. Saphir d'un bleu verdâtre. [*Saphirus cæruleus subviridis : saphirus prasitis* de WALLERIUS spec. 106, *c.*]

5. Saphir violet. [*Saphirus colore ame-thystino : saphirus amethystinus* de WAL-LERIUS *spec.* 106 , *e.*]

SIXIEME DISTINCTION.

ÉMERAUDE.

L'émeraude orientale que Bergman nomme *smaragdus late viridis*, contient suivant ce célebre chymiste, sur 100 parties, 60 de terre argileuse, 24 de terre siliceuse, 8 de terre calcaire et 6 de fer.

VARIÉTÉS *de l'émeraude par rapport à ses couleurs.*

1. Émeraude d'un haut vert.
2.   d'un vert clair.
3.   d'un vert jaunâtre. *Chry-solite.*
4.   d'un vert bleuâtre.

Cette émeraude est quelquefois d'une couleur assez forte, et quelquefois elle a une teinte très - foible : dans le premier cas c'est le *béril*, et dans le second *l'ai-gue-marine.*

DEUXIEME ESPECE.

Terre argileuse, combinée avec l'acide aërien et mêlée avec de la terre siliceuse ou avec du quartz ou du silex en poussiere, ainsi qu'avec une petite quantité d'eau et communément avec du fer. [Minéralogie de KIRWAN pag. 74 de l'éd. franç. et pag. 81 de l'éd. all.]

PREMIERE DISTINCTION.

TERRE A PORCELAINE.

[*Terra porcellanea vulgò argilla apyra* de CRONSTEDT § 78. *Argilla apyra, pura, macra : argilla porcellanea* de WALLERIUS spec. 24.]
VARIÉTÉS *de la terre à porcelaine par rapport à ses couleurs.*

1. Terre à porcelaine blanche.
2. Terre à porcelaine incarnate.

DEUXIEME DISTINCTION.

BOL ou TERRE BOLAIRE.

[*Argilla vitrescens, subtilissima, pinguis, exsiccatione solida : bolus* de WALLERIUS spec. 23.]

VARIÉTÉS *du bol par rapport à ses couleurs.*

1. Bol blanc.
2.　　　gris.
3.　　　jaune.
4.　　　rouge.
5.　　　brun. *Terre sigillée d'Arabie.*
6.　　　vert. *Terre verte.*

TROISIEME DISTINCTION.

ARGILE.

[*Argilla vulgaris.* Disp. mus. cæs. pag. 43. L'on place ici les argiles que Wallerius désigne sous les dénominations suivantes : *Argilla vitrescens, rudis, rimis sub exsiccatione inordinatis : argilla vulgaris.* spec. 16. *Argilla vitrescens, aqua intumescens, sub exsiccatione membranacea : argilla fermentans.* spec. 17. *Argilla vitrescens, exsiccata tessularis : argilla tessularis.* spec. 18. *Argilla vitrescens exsiccata fissilis : argilla fissilis.* spec. 19.]

I. VARIÉTÉS *de l'argile par rapport à ses couleurs.*

1. Argile blanche.

2. Argile grise.
3. bleuâtre.
4. verdâtre.
5. jaunâtre.
6. rougeâtre.

II. VARIÉTÉS *de l'argile par rapport à sa consistance.*

1. Argile friable ou en poussiere. [*Argilla vulgaris pulverulenta et friabilis*, Disp. mus. cæs. *pag.* 43.]

2. Argile durcie. [*Argilla vulgaris indurata, compacta.* Disp. mus. cæs. *pag.* 43. et 44.]

QUATRIEME DISTINCTION.

STEINMARK.

[C'est une dénomination allemande que l'on peut adopter en françois. *Lithomarga* de CRONSTEDT § 85.]

I. VARIÉTÉS *du steinmark par rapport à ses couleurs.*

1. Steinmark gris.
2. verdâtre.
3. jaunâtre.

4. Steinmark incarnat.
5.   de plusieurs couleurs.

II. Variétés *du steinmark par rapport
à sa consistance.*

1. Steinmark friable. [En allemand *walkererde. Lithomarga friabilis, saponacea. Argilla fullonica.* Disp. mus. cæs. pag. 44.]
2. Steinmark durci. [*Lithomarga indurata. Argilla crustacea.* Disp. mus. cæs. *ibid.*]

TROISIEME ESPECE.

Terre argileuse mêlée avec de la terre siliceuse et de la magnésie. [Bergman. *Sciag. Reg. min.* § 116.]

De cette espece est

LA TERRE DE LEMNOS.

[*Argilla crustacea incarnata : terra lemnia* de Wallerius *spec.* 21 , *c.*]

QUATRIEME ESPECE.

Terre argileuse mêlée avec de la terre

siliceuse *et de la terre calcaire.* [BERG-
MAN. *Sciag. Reg. min.* § 115.]

De cette espece est

LA MARNE ARGILEUSE.

CINQUIEME ESPECE.

*Terre argileuse mêlée de Terre siliceuse
et d'huile minérale.*

De cette espece est

LE SCHISTE BITUMINEUX.

[*Schistus solidus, crassus, non fissilis,
rasura nigra, carbonarius : schistus carbonarius* de WALLERIUS *spec.* 163.]

SIXIEME ESPECE.

*Terre argileuse mêlée avec de la terre
siliceuse et de la pyrite, ainsi qu'avec un
peu de magnésie et de terre calcaire.*

De cette espece est

LE SCHISTE PYRITEUX.

Ce schiste que l'on nomme ordinairement *schiste alumineux,* (c'est le *schistus*

tus aluminaris de WALLERIUS *spec.* 239) n'est pas alumineux de sa nature, c'est-à-dire, qu'il ne contient pas naturellement de l'alun ; mais ce sel se forme dans cette substance seulement lorsqu'elle se décompose ou lorsqu'on lui fait éprouver l'action du feu : dans l'un comme dans l'autre cas, l'acide vitriolique contenu dans la matiere pyriteufe, s'unit avec l'argile, et cette union ou combinaison proauit alors de l'alun. **Voyez** Bergman *Opusc. phys. et chem. tom. I, pag.* 297.

SEPTIEME ESPECE.

Terre argileuse mêlée avec de la terre siliceuse, de la magnésie légérement aërée, de la terre calcaire de même légérement aërée, du fer et un peu d'huile minérale. [Minéralogie de KIRWAN *pag* 89 *et suiv. de l'éd. françoise, et pag. 96 et suiv. de l'éd. allemande.*]

De cette espece eft

L'ARDOISE.

[*Schistus durus , rasura albescens, clangosus : ardesia tegularis* de WALLE- RIUS *spec.* 157.]

M. Kirwan a trouvé que 100 grains

d'une ardoise pourpre-bleuâtre, contiennent environ 46 grains de terre siliceuse, 26 de terre argileuse, 8 de magnésie, 4 de terre calcaire et 14 de fer.

HUITIEME ESPECE.

Terre argileuse combinée avec de la terre siliceuse, de la magnésie pure et du fer extrêmement déphlogistiqué. [Minéralogie de KIRWAN pag. 87 de l'éd. franç. et pag. 94 de l'éd. all.]

De cette espece est

LE MICA.

Au rapport de Kirwan 100 parties de mica non-coloré contiennent 38 parties de terre siliceuse, 28 de terre argileuse, 20 de magnésie et 14 de chaux de fer la plus déphlogistiquée.

I. VARIÉTÉS *du mica par rapport à ses couleurs.*

1. Mica de couleur d'eau ou sans couleur.
2.   blanc ou de couleur d'argent.
3.   jaune ou de couleur d'or.

4. Mica verdâtre.
5.　　　rouge.
6.　　　brun.
7.　　　noir.

II. VARIÉTÉS *du mica par rapport à sa texture.*

1. Mica écailleux. [*Mica squamulis rigidis inordinate mixtis : mica squamosa* de WALLERIUS *spec.* 175.]
2. Mica lamelleux. [*Mica lamellis majoribus, particulis minimis micaceis, squamosis aut fibrosis compositis , superficie micacea nitente , fissilis : mica fissilis* de WALLERIUS. *spec.* 176.]
3. Mica strié. [*Mica particulis oblongis tenuioribus , acuminatis : mica striata* de WALLERIUS *spec.* 177. *Mica particulis acerosis* de CRONSTEDT § 95.]

III. VARIÉTÉS *du mica par rapport à sa configuration.*
1. Mica informe.
2. Mica cryſtallisé. [*Mica drusica. Drusa micacea constans squamis concentratis perpendicularibus: caryophylloïdes. Drusa micacea constans squamis hexagonis horizontalibus* de CRONSTEDT § 95.]

TROISIEME GENRE.

Substances du genre muriatique.
[Voyez la Minéralogie de KIRWAN *pag.*
61 *l'éd. franç. et pag.* 67 *de l'éd. all.*]

PREMIERE ESPECE.

Magnésie ou terre muriatique mêlée avec
de la terre siliceuse.

De cette espece eſt la substance que
l'on nomme vulgairement

ÉCUME DE MER.

[En allemand *meerschaum* : en latin *spu-*
ma maris.]

Cette substance est assez connue
par l'usage où l'on est d'en faire des four-
neaux de pipes à tabac : elle se trouve
dans le Levant, et on l'apporte de là en
Hongrie où on la reçoit en petites masses, qui ont exactement la forme et la
grandeur d'un œuf de poule.

M. Wiegleb qui a fait l'analyse de
la substance dont il s'agit, a trouvé
qu'elle eſt composée de parties égales
de terre muriatique et de terre siliceuse.

DEUXIEME ESPECE.

Magnésie aërée, combinée avec de la terre siliceuse et un peu de terre argileuse.

PREMIERE DISTINCTION.

TALC.

VARIÉTÉS *du talc par rapport à sa consistance.*

1. Talc en particules désunies. *Terre talqueuse.* [*Talkerde* de WERNER, *Trad.* de LINNÉ 1ere. *partie pag.* 218.]
2. Talc en particules réunies, ou simplement *talc.* [*Gemeiner talk* de WERNER *ibid.*]

DEUXIEME DISTINCTION.

STÉATITE.

[*Steatites opacus particulis inconspicuis, solidus, durior, pictorius* de WALLERIUS spec. 185. *Steatites particulis impalpabilibus mollis, semipellucidus : lardites* du même auteur *spec.* 186.]

Suivant l'analyse que Bergman a faite

de la stéatite, 100 parties de cette pierre contiennent 80 parties de terre siliceuse, 17 de magnésie aërée, 2 de
terre argileuse et à peu près 1 partie de
fer dans un état à demi-phlogistiqué.

I. VARIÉTÉS *de la stéatite par rapport à ses couleurs.*

1. Stéatite verdâtre.
2 Stéatite verte.

II. VARIÉTÉS *de la stéatite par rapport à sa configuration.*

1. Stéatite en masse de forme indéterminée.
2. Stéatite crystallisée.
Telle est la stéatite que M. Gerhard
a trouvée à Reichenstein en Silésie.
[*Chem. annal.* année 1785.]

DEUXIEME DISTINCTION.

PIERRE OLLAIRE.

[*Topfstein* des Allemands. Savon
de roche de KIRWAN. Minéral. *pag.* 64
de l'éd. franç.]

VARIÉTÉS *de la pierre ollaire par rap-*
port à ses couleurs.

1. Pierre ollaire blanchâtre.
2.   jaune.
3.   noire.
Cette derniere contient de l'huile minérale.

TROISIEME ESPECE.

Magnésie pure, combinée avec de la
terre siliceuse, de la terre argileuse, de
l'eau et du fer. [Minér. de KIRWAN
pag. 68 de l'éd. franç. et pag. 74 *de*
l'éd. all.]

De cette espece est

La SERPENTINE.

[En allemand *serpentin*, en latin *ser-*
pentinus.]

M. Bayen qui a fait l'analyse de la
serpentine, a trouvé que 100 parties de
cette pierre contiennent environ 41 parties de terre siliceuse, qu'il regarde plutôt
comme du mica, 33 parties de magnésie,
10 de terre argileuse, 12 d'eau et environ 3 de fer. M. Kirwan observe que la

serpentine de Corse renferme plus de terre argileuse et moins de terre siliceuse.

I. VARIÉTÉS *de la serpentine par rapport à ses couleurs.*

1. Serpentine blanchâtre,
2.   verdâtre.
3.   bleuâtre.
4.   brune-rougeâtre.
5.   noirâtre.
6.   tachetée ou rayée de différentes couleurs.

II. VARIÉTÉS *de la serpentine par rapport à sa texture.*

1. Serpentine compacte.

2. Serpentine grenue. [*Serpentinus particulis granulatis* de CRONSTEDT § 82.]

3. Serpentine écailleuse ou obscurément lamelleuse. [*Serpentinus particulis squamosis* de BORN *Ind. foss. pars I,* pag. 37.]

4. Serpentine fibreuse [*Serpentinus semipellucidus fibrosus : lapis nephriticus spurius* de WALLERIUS *spec.* 188, *b.*]

QUATRIEME ESPECE.

Magnésie aërée, combinée avec de la terre siliceuse, de la terre calcaire et une petite portion de terre argileuse et de fer.

De cette espece est

L'ASBESTE.

Il y a un asbeste qui suivant Bergman, contient de 53 à 74 centiemes de terre siliceuse, de 12 à 28 centiemes de magnésie aërée, de 7 à 14 centiemes de terre calcaire aërée, de 2 à 6 centiemes de terre argileuse et de 1 à 10 centiemes de fer.

I. VARIÉTÉS *de l'asbeste par rapport à ses couleurs.*

1. Asbeste blanc.
2.   gris.
3.   verdâtre.
4.   brun.

II. VARIÉTÉS *de l'asbeste par rapport à sa texture.*

1. Asbeste fibreux et compacte. [*Asbestus fibrosus, fibris arcte connatis.*

Disp. mus. cæs. *pag.* 46. *Asbestus durus*, *lignosus*, *fibris parallelis*, *arcte
cohærentibus*, *non separabilibus* : *asbestus
immaturus* de WALLERIUS *spec.* 193.]

2. Asbeste fibreux, dont les fibres
se désunissent : elles sont quelquefois
roides, quelquefois flexibles. [*Asbestus
durior*, *fibris parallelis*, *arctius cohærentibus*, *separabilibus tenacibus* : *asbestus maturus* de WALLERIUS *spec.* 192.
Asbestus rigidus, *fibris parallelis*, *subtilissimis*, *fragillimis* : *asbestus rigidus*.
du même auteur *spec.* 194. *Asbestus fibrosus*, *fibris flexibilibus brevibus* : *caro
montana*. Disp. mus. cæs. *pag.* 47. *Asbestus fibrosus*, *fibris flexibilibus longio-
ribus* : *linum montanum* ibid.]

3. Asbeste fibreux et membraneux.
[*Amiantus fibris mollioribus intertextis
in lamellas compactus*, *levis* : *aluta montana* de WALLERIUS *spec.* 197. *Amiantus fibris flexilibus*, *inordinate se inter-
secantibus*, *levissimus* : *suber montanum*
du même auteur *spec.* 198.]

CINQUIEME ESPECE.

Magnésie aérée, combinée avec de la

terre siliceuse, de la terre calcaire aërée, de la terre pesante, de la terre argileuse et du fer.

De cette espece est

L'AMIANTE.

[Minéralogie de KIRWAN *pag.* 67 *de l'éd. franç. et pag.* 73 *de l'éd. all.*]

Cette pierre reſſemble beaucoup à l'asbeste fibreux : elle est composée de longues fibres paralleles entre elles, flexibles juſqu'à un certain point et douces au toucher. M. Bergman a fait l'analyse d'une amiante de la Tarantaise, dont 100 parties lui ont donné 64 de terre siliceuse, 18,6 de magnésie, 6,9 de terre calcaire, 6 de terre pesante, 3,3 de terre argileuse et 1,2 de fer.

VARIÉTÉS *de l'amiante par rapport à ses couleurs.*

1. Amiante blanche.
2.   grise.
3.   verdâtre.
4.   rougeâtre.

QUATRIEME GENRE.

Substances à base de terre calcaire.

PREMIERE ESPECE.

Terre calcaire imprégnée d'acide aërien. [BERGMAN, *Sciag. Reg. min.* § 94.]

PREMIERE DISTINCTION.

CHAUX NATIVE.

VARIÉTÉS *de la chaux native par rap-port à ses couleurs-*

1. Chaux native blanche.
2.   jaunâtre.
3.   rougeâtre ou d'un brun-rougeâtre.
4.   verte.

II. VARIÉTÉS *de la chaux native par rapport à sa consistance.*

1. Chaux native en poussiere. [*Creta calcarea indurabilis : calx nativa* de WALLERIUS *spec.* 12.]

2. Chaux native en masse friable. Cette substance est ou spongieuse, ou d'une texture uniforme. [*Creta farinacea, spongiosa, mollis : agaricus mineralis* de WALLERIUS *spec.* 11. et *terra calcarea, solida, friabilis* de CRONSTEDT § 6.]

DEUXIEME DISTINCTION.

PIERRE CALCAIRE GROSSIERE.

[*Calx indurata vulgaris.* Disp. mus. cæs. *pag.* 48.]

I. VARIÉTÉS *de la pierre calcaire grossiere par rapport à ses couleurs.*

1. Pierre calcaire grossiere blanche.
2.   grise.
3.   bleuâtre.
4.   verte ou d'un vert-pâle.
5.   jaunâtre.
6.   jaune - rougeâtre.
7.   incarnate.
8.   rouge.
9.   brune - rougeâtre.
10.   brune.
11.   noire.

1 2. Pierre calcaire grossiere de plusieurs couleurs disposées par taches et par veines.

II. VARIÉTÉS *de la pierre calcaire grossiere par rapport à sa texture.*

1. Pierre calcaire grossiere d'une texture uniforme. [*Calcareus solidus, particulis impalpabilibus et indistinctis: calcareus æquabilis* de WALLERIUS spec. 49.]

2. Pierre calcaire grossiere grenue. [*Lapis calcareus particulis granulatis* de CRONSTEDT § 8.]

3. Pierre calcaire grossiere écailleuse. [*Lapis calcareus particulis squamosis sive spathosis* de CRONSTEDT § 9.]

4. Pierre calcaire grossiere feuilletée ou schisteuse. *Schiste calcaire.* [*Calcareus tenuioribus stratis seu lamellis compositus : calcareus fissilis* de WALLERIUS spec. 53.]

5. Pierre calcaire grossiere fibreuse. [*Calcareus figuratus filamentosus* de WALLERIUS spec. 54. a.]

TROISIEME DISTINCTION.

MARBRE.

VARIÉTÉS *du marbre par rapport à ses couleurs.*

1. Marbre blanc.
2.   gris.
3.   bleu.
4.   vert.
5.   jaune.
6.   rouge.
7.   brun.
8.   noir.
9.   de plusieurs couleurs dis-posées par taches et par veines.

QUATRIEME DISTINCTION.

STALACTITE CALCAIRE.

I. VARIÉTÉS *de la stalactite calcaire par rapport à ses couleurs.*

1. Stalactite calcaire blanche.
2.   jaune.
3.   rouge.
4.   brune.

5. Stalactite calcaire de plusieurs couleurs disposées par lignes et par bandes.

II. VARIÉTÉS *de la stalactite calcaire par rapport à sa texture.*

1. Stalactite calcaire compacte.
2. Stalactite calcaire écailleuse. [*Calx stillatitia squamosa.* Disp. mus. cæs. *pag.* 48.]
3. Stalactite calcaire *crustacée.* [*Calx stillatitia crustacea.* Disp. mus. cæs. *ib. d.]*
4. Stalactite calcaire fibreuse.
5. Stalactite calcaire poreuse. *Tuf calcaire.* [Voyez la *Minéralogie* de KIRWAN *éd. franç. pag.* 27 et la *Minéralogie* de BOMARE *tom. I, pag.* 268 *à la note.*]

III. VARIÉTÉS *de la stalactite calcaire par rapport à sa configuration.*

1. Stalactite calcaire en masse indéterminée.
2. Stalactite calcaire conique.
3. Stalactite calcaire globuleuse.
4. Stalactite calcaire rameuse.

CINQUIEME DISTINCTION.

SPATH CALCAIRE.

I. VARIÉTÉS *du spath calcaire par rapport à ses couleurs.*

   1. Spath calcaire de couleur d'eau ou
                  fans couleur.
   2.   blanc-laiteux.
   3.   cendré.
   4.   verdâtre.
   5.   jaune.
   6.   brun-rougeâtre.
   7.   noirâtre.

II. VARIÉTÉS *du spath calcaire par rapport à sa texture.*

   1. Spath calcaire compacte.
   2. Spath calcaire lamelleux. *[Spathum lamellosum molle : spathum lamellare* de WALLERIUS *spec.* 16.*]*
   3. Spath calcaire fibreux ou strié. *[*BORN *Ind. foss. pars I, pag. 9 et 10, et pars II, pag. 81 et 82.]*

III. **Variétés** *du spath calcaire par rapport à sa configuration.*

1. Spath calcaire en masse indéterminée.

2. Spath calcaire en stalactite.

Tel est le spath calcaire globuleux, conique et cylindrique dont il est parlé dans l'*Index foss.* de BORN, *pars I, pag.* 8 et 9, *et pars II, pag.* 81.

3. Spath calcaire crystallisé.

DEUXIEME ESPECE.

Terre calcaire aërée, plus ou moins imprégnée de pétrole. [BERGMAN,*Sciag. Reg. min.* § 95.]

De cette espece est

LA PIERRE PUANTE.

[En allemand *stinkstein.*]

I. **Variétés** *de la pierre puante par rapport à sa texture.*

1. Pierre puante compacte.

2. Pierre puante grenue [*Lapis suillus particulis granulatis* de CRONSTEDT § 23.]

3. Pierre puante spathique. [*Lapis suillus particulis spathosis micans* de WALLERIUS *spec.* 66. *a.*]

4. Pierre puante écailleuse. [*Schuppiger stinkstein* de GMELIN *trad.* de LINNÉ *tom. II*, *pag.* 428.]

5. Pierre puante schisteuse. [*Stinkschiefer* de GMELIN *tom. cité*, *pag.* 429.]

6. Pierre puante fibreuse. [*Strahlichter stinkstein* de GMELIN *tom. cité*, *pag.* 430.]

II. VARIÉTÉS *de la pierre puante par rapport à sa configuration.*

1. Pierre puante en masse indéterminée.

2. Pierre puante crystallisée.

TROISIEME ESPECE.

Terre calcaire aërée, mêlée de terre argileuse et de terre siliceuse [BERGMAN *Sciag. Reg. min.* § 101.]

De cette espece est

LA MARNE CALCAIRE.

I. VARIÉTÉS *de la marne calcaire par rapport à ses couleurs.*

1. Marne calcaire blanche.
2.   d'un blanc-jaunâtre
3.   grise.
4.   d'un gris tirant sur le jaune.
5.   d'un jaune de chamois.
6.   rougeâtre.
7.   noirâtre.
8.   tachetée et veinée de plusieurs couleurs et quelquefois arborisée. [c'est ce qu'on nomme vulgairement *marbre de Florence. Marmo di Fiorenza : paesino : pietra citadina* des Italiens.]

II. VARIÉTÉS *de la marne calcaire par rapport à sa consistance.*

1. Marne calcaire terreuse ou friable. [*Marga friabilis* de CRONSTEDT § 26. *Mergelerde* de WERNER *trad.* de CRONSTEDT **1**ere. *partie*, *pag.* 71.]
2. Marne calcaire pierreuse. [*Marga indurata stratis continuis* de CRONSTEDT § 28.]

III. VARIÉTÉS *de la marne calcaire par rapport à sa configuration.*

1. Marne calcaire en masse indéterminée.
2. Marne calcaire crystallisée.

L'on voit dans le cabinet Impérial d'Histoire naturelle à Vienne, une telle marne qui a été découverte dans le Pacherstolln à Schemnitz en Basse-Hongrie.

TROISIEME ESPECE.

Terre calcaire combinée avec l'acide spathique.

De cette espece est

LE SPATH FUSIBLE.

[En allemand flus-spath, en latin fluor mineralis.]

I. VARIÉTÉS *du spath fusible par rapport à ses couleurs.*

1. Spath fusible blanc.
2.   jaune.
3.   verd.
4.   bleu.

5. Spath fusible violet.
6.   rouge.
7.   brun.

II. VARIÉTÉS *du spath fusible par rapport à sa texture.*

1. Spath fusible compacte. [*Dichter
flus* de WERNER, *trad.* de CRON-
STEDT 1ere. partie, pag. 224.]
2. Spath fusible grenu. [*Fluor mineralis granularis, granulis crystallinis compositus : fluor granularis* de WALLERIUS
spec. 79.]

III. VARIÉTÉS *du spath fusible par rapport à sa configuration.*

1. Spath fusible en masse indéterminée.
2. Spath fusible crystallisé.

OBSERVATION.

L'on place ordinairement parmi les
fossiles à base calcaire, et ainsi parmi
ceux qui forment ici notre quatrieme
genre des terres et des pierres, cette sub-

stance qui porte le nom de *gypse* (*),
et qui est une combinaison de l'acide
vitriolique avec de la terre calcaire;
mais il paroît plus naturel de considérer le
gypſe comme un sel, plutôt que comme
une substance appartenante à la classe
des terres et des pierres : le gypse n'est
proprement qu'*un sel vitriolique à base
de terre calcaire*, ainsi que l'observe le
savant auteur du Dictionnaire de chymie :
d'ailleurs il faut observer que le gypse
contient au quintal 46 livres d'acide vitriolique, seulement 32 livres de terre
calcaire pure et 22 livres d'eau. Voyez
BERGMAN, *Sciag. Reg. min.* § 59. et
Opus. phys. et chem. tom. I, pag, 135.
MACQUER Dict. de chymie au met
gypse.

(*) Sous la dénomination de gypse se
comprend aussi *l'albâtre* qui eſt un gypse
compacte et la *sélénite* qui est un gypse
spathique.

CINQUIEME GENRE.

Substances du genre barotique.

PREMIERE ESPECE.

*Terre pesante combinée avec l'acide
vitriolique.*

De cette espece est

LE SPATH PESANT.

[*Marmor metallicum* de CRON-
STEDT § 18.]

I. VARIÉTÉS *du spath pesant par rapport à sa texture.*

1. Spath pesant compacte.
2. Spath pesant lamelleux.
Les lames de ce spath pesant sont ou
confusément rassemblées, ou disposées de
maniere qu'elles tendent en forme de
rayons convergens vers un centre commun : dans ce dernier cas c'est la *pierre
de Bologne.*

II.

II. VARIÉTÉS *du spath pesant par rapport à sa configuration.*

1. Spath pesant en masse indéterminée.
2. Spath pesant crystallisé.

DEUXIEME ESPECE.

Terre pesante vitriolée, pénétrée de pétrole et mêlée avec du gypse, de l'alun et de la terre siliceuse. [BERGMAN *Sciag. Reg. min.* § 90.] ou comme dit KIRWAN : *Barosélénite mêlée avec une quantité notable de silex, d'huile minérale et de sels terreux.* [Minéralogie *éd. franç.* pag. 60.]

De cette espece est

LA PIERRE HÉPATIQUE.

[En allemand *leberstein.*]

100 parties de cette pierre contiennent suivant M. Bergman, 33 parties de terre pesante, 38 de terre siliceuse, 22 d'alun, 7 de gypse et 5 de pétrole.

VARIÉTÉS *de la pierre hépatique par rapport à ses couleurs.*

1. Pierre hépatique jaunâtre.

2. Pierre hépatique noire ou noirâtre.
La texture de cette pierre est toujours
écailleuse : l'on diftingue toutefois la
pierre hépatique à grandes et celle à petites écailles.

PREMIER APPENDICE

Aux terres et aux pierres.

Substance pierreuse dont les principes
constitutifs ne sont pas encore bien con-
nus.

Cette substance est

LE DIAMANT.

VARIÉTÉS *du diamant par rapport à*
ses couleurs.

1. Diamant de couleur d'eau.
2.   jaune.
3.   rougeâtre.
4.   bleu.
5.   vert.
6.   brun.

DEUXIEME APPENDICE.

LES SABLES.

Ils sont composés de particules pierreuses et désunies , lesquelles paroissent devoir être considé·ées comme autant de fragmens de différentes pierres , de celles principalement qui ont composé certaines roches.

L'on trouve des sables grossiers, des sables fins et des sables en forme de poussiere.

Fin du systême abrégé des terres et des pierres.

N. B. L'accueil particulier que l'Académie Impériale de St. Pétersbourg a fait à l'exposé systématique que l'on vient de voir, n'a pas été un des moindres motifs qui ont engagé l'auteur à retoucher en quelques endroits cette partie de son ouvrage, et à donner même à ce systême abrégé des terres et des pierres, beaucoup plus d'étendue qu'il n'en a dans la copie manuscrite qui a été envoyée au concours. Quant à l'Essai qui va suivre, l'auteur croit devoir observer ici, que l'on n'y trouvera absolument d'autres Roches que celles dont il a été fait mention dans cette copie : mais comme parmi tant de Roches qui manquent encore à cet ouvrage et qui seront peut-être décrites un jour, il y en a deux ou trois que l'auteur n'a pu se résoudre à omettre dans cette édition, il a pris le parti de les placer en forme d'*additions* à la fin de ce volume.

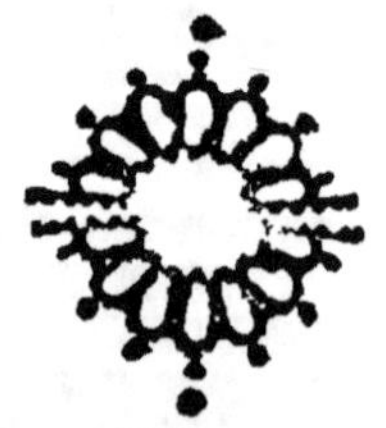

ESSAI

ESSAI

SUR

L'HISTOIRE NATURELLE

DES

ROCHES.

Nous avons déjà vu que sous le nom de *Roche*, l'on comprend certaines masses qui résultent de la réunion de plusieurs pierres formant corps ensemble ; mais il y a une différence bien essentielle dans la maniere dont cette réunion a lieu : l'on trouve des Roches compofées de pierres unies les unes aux autres, de maniere que celles-ci paroissent comme fondues enfemble, et comme ayant été formées toutes à la fois dans un état de fluidité : je donnerai à de telles Roches le nom de *Roches primitives*, parce que leur origine semble être de toute ancien-

neté, ainsi que je l'obſerverai particuliérement ci-après. D'autres Roches sont
composées de fragmens de différentes
pierres ou sont formées de différens sables : dans l'un comme dans l'autre cas,
le tout se trouve lié ensemble par un gluten pierreux de nature quelconque : les
Roches composées de fragmens de pierres ont pris le nom de *breches*, et les
autres formées de sables réunis s'appellent
grès : comme les breches et les grès
sont d'une origine plus récente que ne
l'est celle des Roches primitives, ainsi
qu'il sera prouvé ailleurs, je comprendrai
et les breches et le grès sous la dénomination commune de *Roches secondaires*.

La distinction des Roches en primitives et en ſecondaires fournit naturellement à l'ensemble du systême dont je
vais m'occuper, la matiere d'une premiere division en deux classes générales,

PREMIERE CLASSE.

LES ROCHES

PRIMITIVES.

Dès que l'on s'eſt formé une idée du caractere propre aux Roches primitives, et dès que l'on a en outre cet œil exercé, celui du vrai minéralogiste, on distingue aisément de telles Roches d'avec ces aggrégations fortuites de plusieurs pierres, qui, formées successivement ou les unes sur les autres, ou les unes à côté des autres, n'offrent rien d'analogue à cette réunion de plusieurs pierres, qui, dans les Roches primitives, se montrent comme fondues ensemble et comme ayant été produites en même temps, ainsi que je viens de l'avoir remarqué : mais examinons quel est le mécanisme qui a pu avoir donné lieu à la formation de ces mêmes Roches : il paroît qu'une telle recherche n'a pas encore été faite avec tout le soin convenable.

L'on convient presque généralement aujourd'hui, que toutes les pierres ont été formées par la voie humide, et qu'ainsi elles ont été originairement dans un état de fluidité : or, pour expliquer, en partant d'un tel principe, l'origine des Roches primitives, commençons par poser l'exemple suivant.

Soit une masse fluide contenant à la fois les terres primitives qui, par leur réunion et les proportions de leurs mélanges, doivent produire du feldspath, du quartz et du mica : une attraction élective détermine le rapprochement des principes qui vont donner naissance aux trois sortes de pierres dont il s'agit ; mais ce rapprochement a lieu de maniere, que ces mêmes pierres se forment par portions dispersées dans toute l'étendue de la masse qui d'abord fluide, comme nous l'avons considérée, arrive enfin au degré de consistance et de dureté dont elle est susceptible, et offre ainsi une vraie Roche primitive, composée de feldspath, de quartz et de mica, lesquels paroissent comme fondus ensemble, parce qu'ils ont été formés en même temps dans un état de fluidité.

Passons maintenant à l'examen d'une Roche primitive contenant des crystallisations pierreuses, et prenons, à cet effet, l'exemple d'une Roche composée de quartz amorphe et de grenats crystallisés : si l'on parvient à dégager quelques-uns de ces derniers d'avec le quartz qui les renferme, on trouvera certainement dans celui-ci, l'empreinte exacte des grenats que l'on aura détachés : or, je suppose que l'on ne veuille pas admettre avec moi, que ce quartz et ces grenats se soient formés ensemble, je demande alors si le quartz a existé avant les grenats, ou si les grenats ont été formés avant le quartz ? L'on répondra que les grenats ont existé avant le quartz, et que celui-ci étant encore dans un état de fluidité, a enveloppé ces mêmes pierres pour former ensuite un tout avec elles. Mais ces grenats où se sont-ils crystallisés avant d'avoir été enveloppés par la matiere du quartz ? Il faudra dire que ce fut sur quelques corps solides auxquels ils étoient d'abord adhérens : j'insisterai alors à ce qu'on me fasse concevoir comment ces grenats ont été détachés de ces corps solides, et de quelle maniere, par quel agent ils ont pu ensuite se placer et se disperser çà et là dans la matiere liquide qui devoit produire le quartz ? J'ignore de quelle maniere on expliqueroit tout cela, mais je sais bien qu'on ne pourroit le faire sans avoir recours à des suppositions qu'il seroit bien difficile d'admettre, au lieu qu'il est si aisé, ce semble, de concevoir que la matiere du quartz et celle des grenats, l'une et l'autre dans un état de fluidité, se sont trouvées d'abord mêlées ensemble, que les principes *grenatiques* se sont séparés de ceux du quartz pour se rassembler par petites masses ensuite de cette attraction élective dont j'ai parlé ci-dessus ; que la matiere des grenats s'est crystallisée, aussi en vertu d'une certaine force attractive, sans laquelle il est impossible d'expliquer en général le phénomene de la crystallisation, et enfin, que ces grenats ont pris consistance, se sont endurcis, tandis que la même chose arrivant au quartz, le tout a formé cette Roche primitive que nous venons d'avoir considérée.

L'idée d'une telle Roche et en général de toute Roche primitive renfermant des crystallisations pierreuses, peut donner lieu aux réflexions suivantes.

L'on rencontre souvent dans des sables ou des terres, certaines pierres isolées et crystallisées de maniere qu'elles se trouvent terminées en tout sens par ces plans réguliers propres à la crystallisation. Il n'est pas possible de supposer que de telles pierres, en se crystallisant, aient été adhérentes à la surface de quelques corps solides, et qu'elles se soient ensuite détachées de ceux-ci au moyen de certains chocs produits par des éboulemens ou par d'autres accidens quelconques, vu qu'en se représentant même tant de chocs arrivés si à propos pour détacher toutes ces pierres crystallisées, il seroit toujours bien étrange qu'elles ne montrassent pas à leur superficie, les endroits où elles avoient été attachées aux corps solides sur lesquels elles ont prétenduement reçu leur crystallisation ; et outre cela, comment concevoir qu'ayant été détachées avec violence des corps solides dont il s'agit, elles n'eussent pas perdu en se brisant d'un côté ou d'autre, quelques parties de eur forme crystallisée ? Mais l'origine de ces mêmes pierres s'explique sans peine dès qu'on les considere comme ayant appartenu à quelque Roche primitive, et comme s'étant crystallisées de la maniere que je l'ai exposé ci-dessus en parlant de ces grenats contenus dans du quartz. Or, que l'on suppose maintenant qu'une Roche primitive renfermant des pierres crystallisées, vienne à se décomposer, en sorte cependant que celles-ci soient exemptes de cette décomposition : une telle Roche donnera naissance à une terre ou à un sable quelconque, et dans cette terre ou ce sable se trouveront naturellement des pierres isolées et terminées en tout sens par une superficie crystallisée, qu'elles conserveront aussi long-temps qu'elles ne seront pas déplacées par les eaux et entraînées avec elles, puisqu'alors ces pierres deviendront des *pierres roulées*, ou galets, c'est-à-dire, qu'elles perdront leurs parties anguleuses pour prendre une forme arrondie.

Ce que je dis ici pour expliquer l'origine de nos pierres qu'une surface crystallisée termine en tout sens, se confirme par ce qui suit.

L'on trouve à Zoplitz en Saxe, une Roche primitive, composée de serpen-

tine & de grenats crystallisés, et dans
le même endroit l'on rencontre des grenats crystallisés en tout sens comme
ceux-là, et nullement adhérens à quelque substance pierreuse, mais répandus
dans une terre qui n'est autre chose
qu'une serpentine décomposée. Or, il
se remarque sans peine que cette terre, ainsi que les grenats qu'elle contient,
sont les débris d'une Roche absolument
la même que celle que je viens de désigner, et il résulte de là, que les grenats dont il s'agit, doivent s'être formés et avoir reçu leur crystallisation
dans une vraie Roche primitive, qui s'est
décomposée à la longue, tandis qu'une
autre Roche primitive et de la même
espece, s'est conservée sans éprouver
quelque altération. Le fait que je viens
de rapporter me conduit plus avant.

L'on sait que M. Muller a découvert
en Tirol de la tourmaline crystallisée
en prisme renfermés dans de la stéatite
mêlée de mica. D'après mon idée touchant ce qui constitue une Roche primitive, je considere cette tourmaline
comme faisant partie d'une telle Roche,
et je dis, que c'est une Roche compo-

sée de stéatide, de mica et de tourmaline que **M. Muller** nous a fait connoître. Mais, tandis que cette derniere pierre fait, en Tirol, partie d'une Roche primitive, l'on a en Espagne des tourmalines, également prismatiques, lesquelles se trouvent dans une terre composée, à ce qu'on dit, d'argile et de mica : maintenant que nous reste-t-il à conclure de ce dernier fait, sinon, qu'ensuite de ce que nous savons de la tourmaline du Tirol, il est hors de doute que celle d'Espagne n'ait réellement fait partie d'une Roche primitive, qui s'est décomposée à la longue pour former une terre, laquelle toutefois contient encore des pierres crystallisées qui avoient fait partie de cette même Roche.

D'après ce que je dis de la tourmaline du Tirol et de celle d'Espagne, il est à supposer que la tourmaline de Ceylan, la premiere que l'on ait connue, doit également avoir été formée dans une Roche primitive dont elle a fait partie : et enfin, si l'on veut faire bien attention à tout ce que j'ai exposé à l'occasion de ces Roches qui renferment des

crystallisations pierreuses, peut-être con-
viendra-t-on avec moi du principe qui
me sert à expliquer l'origine de toutes
ces pierres, qui, se rencontrant au mi-
lieu de certains sables ou de certaines
terres, sont remarquables en ce qu'elles présentent en tout sens une surface
crystallisée.

Tandis qu'il y a des Roches primitives qui contiennent des pierres crystallisées; d'autres Roches, également primitives, renferment des pierres qui se
montrent sous une forme globuleuse ou
elliptique : ces dernieres Roches sont
celles qu'on a nommées en latin *saxa
glandulosa* ou *amygdaloïdes*, et en allemand, *mandelsteine.*

Dès que l'on conçoit la formation des
crystallisations pierreuses d'une Roche
primitive, rien n'est plus facile que d'expliquer ensuite l'origine des pierres arrondies contenues dans les *saxa glandulosa.* Supposons une masse fluide,
composée, par exemple, d'argile et
de spath calcaire mêlés ensemble : l'attraction dont j'ai parlé ailleurs, détermine le spath à se séparer de l'argile, il
se raffemble çà et là par petites portions.

dans cette derniere, et ces portions, au lieu de recevoir une forme crystalline comme les grenats de la Roche que j'ai cités plus haut, elles acquierent, en vertu de la force attractive dont il s'agit, une forme globuleuse ou elliptique : enfin, lorsque le tout a pris consistance, et a acquis un certain degré de dureté, voilà un *saxum glandulosum*, composé d'une argile durcie, laquelle renferme des masses arrondies de spath calcaire.

L'objet qui actuellement nous occupe, me rappelle les observations de M. Collini sur les agates du Palatinat. Cet auteur dit que *toute agate en boule s'est formée dans une matrice pierreuse, que cette matrice se décompose à la longue étant exposée à l'air, que la roche ou matrice pierreuse dans laquelle se sont formés les agates du Galgenberg près d'Idart, est composée d'argile, de parties alcalines et d'ochres martiales,* enfin il croit que les *agates ont tiré leurs parties constituantes de toutes ces substances.* (*) Ce que l'on vient de voir présente naturellement l'i-

---

(*) *Journal d'un voyage qui contient différentes observations minéralogiques,* etc. pag. 145 et 163. Manheim. 1776.

dée d'une Roche primitive, composée d'argile durcie, de terre calcaire et d'agates : et enfin, puisque ces dernieres sont en masses globuleuses, il résulte de là, que cette Roche est à considérer comme un *saxum glandulosum* contenant des agates qui doivent s'être formées à la maniere des autres pierres arrondies que les *saxa glandulosa* renferment. Il seroit cependant à desirer que l'on entreprît de faire quelques nouvelles observations sur la Roche dont M. Collini nous fournit l'idée : peut-être auront-elles lieu un jour, entre temps je me borne à avoir considéré ici cette même Roche, et je me dispenserai de la comprendre dans mon exposition des Roches primitives. Voici, au reste, quelques réflexions que l'objet, qui actuellement nous occupe, peut encore fournir.

La *matrice* des agates du Palatinat a, comme on a vu, la propriété de se décomposer à la longue, et cela suffit pour jetter le plus grand jour sur l'origine d'une multitude d'agates, qui, arondies, isolées et éparses çà et là, se prennent souvent pour des *pierres roulées.* Il y a sans doute des agates qui ont reçu une forme arrondie pour avoir roulé long-tems dans les eaux ; mais puisque nous connoissons actuellement l'origine des agates globuleuses du Palatinat, lesquelles appartiennent à une Roche primitive, qui a la propriété de se décomposer à la longue ; et puisqu'en outre l'on peut croire que dans plusieurs autres contrées que le Palatinat, de pareilles Roches primitives ont existé et existent peut-être encore ; nous devons donc considérer la plupart des agates arrondies, lesquelles se trouvent éparses en plusieurs endroits de notre globe, comme autant de restes d'une Roche primitive, qui, avec le temps, est parvenue à un état de décomposition ; et en tout ceci nous retrouvons un phénomene analogue à celui que nous présentent ces pierres dont j'ai parlé ci - dessus, qui, terminées en tout sens par une surface crystallisée, et répandues çà et là dans des sables ou dans certaines terres, paroissent également n'être que les restes de quelque Roche primitive.

L'on a des breches connues sous le nom de *poudingue*, lesquelles sont comme l'on sait, composées de cailloux de forme arrondie, et réunis au moyen d'un gluten pierreux de nature quelconque : ces cailloux dans certains poudingues, sont réellement des *pierres roulées*; mais ne se pourroit-il pas que l'on confondît parmi ces breches, certaines Roches, qui, produites à la maniere de notre Roche d'agate, fussent de vraies Roches primitives, lesquelles, au lieu de contenir des *pierres roulées*, renfermassent des cailloux de forme naturellement arrondie ? Et ne se pourroit-il pas en outre, que de telles Roches primitives, ayant la propriété de se décomposer ainsi que la Roche d'agates du Palatinat, nous eussions à considérer comme des restes de ces mêmes Roches, un grand nombre de cailloux arrondis, que l'on confond de même que plusieurs agates globuleuses, parmi les *pierres roulées* ? Cependant je ne donne tout cela que comme un simple doute auquel je ne m'arrêterai pas davantage, et je ne laisserai pas de placer dans mon systême des Roches, tous les poudingues sans distinction au nombre des breches. Il ne me reste plus maintenant qu'à présenter quelques observations sur les Roches primitives en général.

C'est le propre de ces Roches de former les montagnes du premier et d'un grand nombre de celles du second ordre : et lorsqu'on considere les chaînes énormes que présentent les montagnes du premier ordre, lorsqu'en outre l'on fait attention que des Roches primitives se rencontrent par-tout jusques dans les plus grandes profondeurs où il soit possible de pénétrer, l'on doit être forcé de convenir que ce sont de semblables Roches qui forment la partie la plus considérable du globe que nous habitons.

Telle Roche primitive compose quelquefois toute seule une montagne entiere, quelquefois des Roches primitives de plusieurs especes, forment ensemble une même montagne, et dans ce dernier cas il arrive qu'on peut faire l'observation suivante ; c'est qu'une montagne ou une partie de montagne composée principalement d'une sorte de Roche primitive, pourra présenter des fentes remplies par une autre Roche également primitive, de maniere que le tout ressemble à des filons métalliques, qui ne sont autre cho-

se, comme l'on sait, que des minéraux
lesquels remplissent les fentes qui se trouvent dans certaines montagnes.

Il est essentiel de remarquer que les
Roches primitives ne renferment jamais,
ou presque jamais, des dépouilles du regne animal ou des restes du regne végétal : de-là il résulte, que la formation
de la plupart de ces Roches paroît avoir
été antérieure à la nature organisée : d'un
autre côté, bien que ces mêmes Roches
présentent quelquefois certains bancs ou
lits placés les uns sur les autres, cependant elles n'offrent jamais de ces couches
semblables à celles qui se reconnoissent
visiblement comme ayant été formées
par divers sédimens des eaux : et de ce
fait nous avons à conclure, que les eaux
de l'océan, qui ont occupé tant de terres
maintenant habitées, n'ont contribué en
rien à la formation des Roches dont il
s'agit : ce même fait, ainsi que la con-
séquence qui en résulte, quadrent par-
faitement bien avec l'observation précédente qui nous apprend, comme on a
vu, que les Roches primitives ne renferment presque jamais des dépouilles du
regne animal ou du regne végétal, puis-

qu'en effet, de telles dépouilles ne se trouvent que dans des couches terreuses et pierreuses, formées évidemment par le sédiment des eaux.

Enfin, certaines Roches primitives ont particuliérement la propriété de composer de ces montagnes qui contiennent des veines ou filons métalliques, et outre cela un très-grand nombre de ces mêmes Roches servent de matrice à différens métaux, ainsi qu'on pourra le remarquer en nombre d'endroits de cet ouvrage.

Je passerai maintenant à mon exposé systématique des Roches primitives, dont la distribution se fera de la maniere suivante.

Les terres simples formant les pierres qui par leur réunion produisent ces Roches, donneront des *genres*, lesquels se considéreront conformément à ce qu'indiquera l'exemple que je vais prendre pour un seul genre en particulier. Supposons une Roche primitive composée principalement d'une pierre à base de terre siliceuse, et d'une petite quantité de quelqu'autre pierre ayant pour base une terre simple, différente de la siliceuse ; soit une seconde Roche primitive composée de deux ou trois pierres toutes à base de terre siliceuse ; supposons enfin une troisieme Roche primitive, formée de deux pierres à base de terre siliceuse et de quelque autre pierre, dont la base soit une terre simple différente de la siliceuse : or, comme en général la terre siliceuse est toujours la dominante dans les trois Roches que je viens de supposer, ces dernieres se comprendront par conséquent sous un même genre, celui des Roches *à base de terre siliceuse.*

Un genre quelconque de Roches primitives étant établi, il se divisera en un certain nombre de *distinctions* auxquelles donneront lieu les pierres qui formeront le plus communément le fond ou la matiere principale des Roches déjà réunies sous ce même genre : j'expliquerai encore ceci par un exemple. Supposons les six Roches suivantes, l'une composée de jaspe et de quartz, l'autre de jaspe et de feldspath, la troisieme de quartz et de mica, la quatrieme de quartz et de schorl, la cinquieme de trapp et de feldspath, et la sixieme de trapp et de schorl. Supposons en outre que parmi ces différentes Roches, le jaspe soit la matiere principale des deux premieres ; que le quartz soit celle des deux suivantes, et que le trapp soit la matiere principale de la cinquieme et de la sixieme ; nous aurons ainsi dans ces mêmes Roches, toutes à base de terre siliceuse, trois distinctions, dont la premiere contiendra deux *Roches de jaspe*, la seconde deux *Roches de quartz*, et la troisieme deux *Roches de trapp*.

Sous les distinctions se considéreront en suite les *especes*, c'est-à-dire, les diverses combinaisons des pierres qui entrent dans la composition des Roches primitives : et comme l'exemple précédent nous a montré six diverses combinaisons de certaines pierres réunies, nous avons donc vu dans ce même exemple autant d'especes différentes.

Enfin, telle espece présentera des *variétés*, et celles-ci résulteront de la diversité de certains caracteres extérieurs qu'offriront quelques Roches primitives comprises sous une même espece.

PREMIER GENRE.

ROCHES A BASE DE TERRE SILICEUSE.

PREMIERE DISTINCTION.

ROCHES DE JASPE.

PREMIERE ESPECE.

(N°. I.)

Roche composée de jaspe et de calcédoine.

[Jaspis calcedonica de WALLERIUS *spec.* 139. *c.]*

L'on trouve cette Roche principalement dans le *Risenberg* (la montagne des géans) en Bohême : on la rencontre aussi aux monts Carpath près de Kaschau en Hongrie.

DEUXIEME ESPECE.

(N°. II.)

Roche composée de jaspe et d'agate.

[Jasp - achates de WALLERIUS spec. 139.]

Cette Roche se trouve aux monts Carpath en Hongrie, ainsi qu'à Oberstein dans le Palatinat.

TROISIEME ESPECE.

(N°. III.)

Roche composée de jaspe et de caillou.

Elle a pour fond un jaspe rouge et jaune', mêlé de caillou également de couleur jaune. Je ne connois cette Roche que pour en avoir vu un échantillon qu'on disoit venir de la Hongrie.

QUATRIEME ESPECE.

(Nᵒ. IV.)

Roche composée de jaspe et de quartz.

L'on trouve une Roche de cette espece en Sibérie, c'est le *saxum sibiricum* de LINNÉ : il le décrit ainsi ; *saxum impalpabile* ; *jaspideum rubrum* ; *maculis albis quartzosis : hoc*, ajoute ce naturaliste, *jaspide rubro*, *subfissili*, *maculato quartzo albo.* On rencontre aussi près de Studgard dans le duché de Wurtemberg, une Roche composée de jaspe et de quartz : enfin l'on trouve dans le *Pacherstolln* à Schemnitz en basse Hongrie, une Roche qui appartient également ici, et dont le jaspe est celui que CRONSTEDT désigne sous le nom de *sinople* §. 65.

CINQUIEME ESPECE.

(Nᵒ. V.)

Roche composée de jaspe, de quartz et de feldspath.

Cette Roche que décrit M. de SAUS-

SURE et qu'il place parmi les porphyres, se trouve aux environs de Geneve : elle a pour fond, dit-il, un jaspe ou plutôt un pétrosilex noir et opaque, qui dans sa cassure ressemble un peu au *petrosilex squamosus* de WALLERIUS *spec.* 21. mais qui est plus dur et donne beaucoup de feu contre l'acier : le même auteur ajoute, que ce jaspe ou plutôt pétrosilex est parsemé de très-petits crystaux rectangulaires de feldspath blanc et de grains arrondis de quartz transparent et sans couleur. (*Voyages dans les Alpes*, tom. I. pag. 112 et 113.)

SIXIEME ESPECE.

Roche composée de jaspe et de feldspath. Porphyre simple.

[Saxum jaspide et spatho scintillante mixtum. Porphyr de WALLERIUS *spec. 207.]*

Cette Roche est composée de maniere, que le jaspe qui en forme le fond, se montre parsemé de feldspath en petites particules

particules communément oblongues, ou
bien en petites lames, lesquelles affec-
tent une forme parallélipipédique : il arrive aussi que ces lames sont irrégulieres,
mais elles se montrent toujours terminées par des parties anguleuses.

VARIÉTÉS *du* porphyre simple *par
rapport à ses couleurs.*

(N°. VI.)

1. *Porphyre simple à fond rouge.*

Le jaspe de ce porphyre est d'un
rouge dont la teinte varie, tantôt elle
est plus ou moins foncée ou obscure,
tantôt plus ou moins claire, et quelquefois elle tire sur le violet. Le feldspath
contenu dans ce jaspe est ou blanc, ou
jaunâtre, ou rougeâtre.

(N°. VII.)

2. *Porphyre simple à fond brun.*

Le jaspe de ce porphyre est ou d'un
brun rougeâtre, ou d'un brun couleur

de foie, ou d'un brun tirant sur le gris, ou enfin d'un brun obscur tirant sur le noir : de ces différens jaspes, le brun-rougeâtre contient du feldspath blanc et du feldspath d'un rouge clair ; le jaspe brun couleur de foie renferme du feldspath d'un verd clair ; le jaspe brun tirant sur le gris renferme un feldspath blanc, et le jaspe d'un brun obscur tirant sur le noir, contient du feldspath moitié noir et moitié d'un vert clair.

(N°. VIII.)

3. *Porphyre simple à fond jaune.*

Le jaspe jaune de ce porphyre renferme du feldspath blanc. Je ne connois pas autrement ce porphyre que pour en avoir vu un échantillon en forme de *pierre roulée*, qui avoit été trouvé dans le lit de la Drave en Croatie.

(N°. IX.)

4. *Porphyre simple à fond verd.*

[C'est le *porfido verde* ainsi que le *Serpentino verde antico*, ou simplement *verde antico* des Italiens.]

Le jaspe vert qui fait le fond du porphyre de la présente variété, con-

tient du feldspath verdâtre, ou du feldspath de couleur blanche.

(N°. X.)

5. *Porphyre simple à fond gris.*

Le jaspe de ce porphyre est quelquefois d'un gris foncé, et le feldspath qu'il
renferme est blanc. J'ai vu un porphyre
simple, composé de jaspe gris-verdâtre,
mêlé de feldspath blanc. Ce porphyre
avoit été trouvé en Boheme sous la forme
de *pierre roulée.*

(N°. XI.)

6. *Porphyre simple à fond noir.*

Le jaspe noir de ce porphyre contient quelquefois du feldspath blanc,
et l'on a alors le *porfido nero* et le *serpentino nero antico* des Italiens : ou bien
le jaspe noir contient du feldspath blanc
et rougeâtre, ou du feldspath qui n'a
que cette derniere couleur. Du reste,
l'on trouve du porphyre à fond noir
mêlé de feldspath en partie jaunâtre ;

mais cette derniere teinte ne paroît provenir qu'accidentellement de la décomposition du fer qui contenu dans le
jaspe, donne à un feldspath blanc que
renferme ce dernier, la teinte jaunâtre
dont il s'agit.

SEPTIEME ESPECE.

(N°. XII.)

*Roche composée de jaspe, de feldspath
et de schorl. Porphyre schorlacé.*

*[Porphyr rubens cum spatho scintillante
albo et basalte nigro, Porphyrites* de
WALLERIUS *spec.* 207 *b.]*

Cette Roche ne différe du porphyre
simple à fond rouge avec du feldspath
blanc, rapporté N°. VI, que par rapport au schorl qu'elle renferme, et en
général, tout ce que j'ai dit ci-dessus en
parlant de la forme qu'affecte le feldspath contenu dans le porphyre simple,
se remarque aussi dans le porphyre de
la présente espece.

OBSERVATIONS

Sur les porphyres des deux especes précédentes.

J'ai donné en général le nom de jaspe à la matiere qui forme le fond de ces porphyres, et je n'ai fait en cela que suivre les plus habiles minéralogistes : toutefois M. Gmelin observe, que certains porphyres ont un pétrosilex plutôt qu'un jaspe pour base : d'un autre côté M. Ferber dit, que parmi les *porfidi verdi* ainsi que les *serpentini verdi antichi* des Italiens, désignés ci-dessus N°. IX, il y en a dont le fond, au lieu d'être un jaspe, est une matiere qui approche plutôt de la nature du trapp. Enfin il y a une opinion adoptée aujourd'hui par quelques naturalistes, c'est que les porphyres sont de vraies productions volcaniques, et une telle opinion doit recevoir sans doute parmi ces naturalistes, un nouveau degré de probabilité, lorsque persuadés d'ailleurs que le basalte prismatique n'est autre chose qu'une lave, ils se rappellent que M. Ferber a trouvé en Tirol du porphyre en colonnes prismatiques et ressemblantes à celles du basalte dont il s'agit, et qu'en outre ce porphyre se rencontre dans le voisinage de certaines matieres visiblement volcanisées.

Il y a sans doute dans le regne minéral un grand nombre de substances dont la matiere primitive a d'abord été une production volcanique, sans qu'il soit possible de le soupçonner, et cela, parce que de telles substances peuvent s'être décomposées à la longue, s'être recomposées ensuite par la voie humide, s'être crystallisées même par cette voie, et avoir enfin donné naissance à des productions nouvelles, bien différentes de ces laves, de ces scories que tout le monde reconnoît pour des productions formées immédiatement par l'action des feux souterrains. Or, il paroît assez croyable que le basalte doit son origine à une matiere qui, d'abord volcanique, s'est décomposée avec le temps et recomposée ensuite par la voie humide, et l'on pourroit admettre la même chose par rapport aux porphyres, sans que pour cela il faille placer ces différentes productions parmi les vraies laves, puisque ces mêmes productions ne doivent plus à l'action du feu, leur origine immédiate.

Les porphyres forment souvent des masses considérables, quelquefois des montagnes entieres : ces Roches sont ordinairement d'une très-grande dureté, cependant elles se décomposent à la longue, deviennent alors cassantes, même friables et perdent leurs couleurs.

L'on trouve des porphyres en Egypte, en Arabie, en Grece, en Italie, principalement dans le Brescian, dans le Bergamasque et sur-tout dans le Vicentin du côté de Schio : enfin l'on rencontre aussi ces Roches en Suisse, en Allemagne, en Boheme, en Suede et en Norwege.

HUITIEME ESPECE.

(N°. XIII.)

Roche composée de jaspe et de grenats.

On a découvert en Islande une telle Roche, dont le fond est un jaspe vert, qui renferme des grenats ferrugineux crystallisés et de couleur rouge. (BORN. *Ind. foss. pars II, pag. 94.*)

NEUVIEME ESPECE.

(N°. XIV.)

Roche composée de jaspe, de schorl et de mica.

Cette Roche a été trouvée à Bill-berg près d'Annaberg en Saxe. (BORN. *Ind. foss. pars I, pag.* 35.)

DIXIEME ESPECE.

(N°. XV.)

Roche composée de jaspe et d'asbeste.

[*Asbestjaspis* de BRUCKMANN. *Abhandlung von Edelsteinen.* pag. 269.]

L'on a découvert dans le comté de Mansfeld en Saxe, une telle Roche, dont le jaspe est rouge foncé, et dont l'asbeste est de couleur verte.

DEUXIEME DISTINCTION.

ROCHES DE PÉTROSILEX.

PREMIERE ESPECE.

(N°. XVI.)

Roche composée de pétrosilex et de quartz.

Une telle Roche, dont le pétrosilex est noir et le quartz blanc et opaque, sert de matrice à de l'argent natif dans le Catharinenberg près de Johanngeorgenstadt en Saxe.

DEUXIEME ESPECE.

(N°. XVII.)

Roche composée de pétrosilex, de quartz, de feldspath et de schorl.

Nous devons la connoissance de cette Roche à M. de Saussure, qui la place parmi les porphyres : il dit qu'elle a pour fond un jaspe ou pétrosilex un peu transparent et d'un vert clair : or, comme ce n'est point le propre du jaspe d'avoir quelque transparence, tandis qu'il y a effectivement un pétrosilex à demi-transparent, ainsi que cela se voit dans WALLERIUS *spec.* 125, je conclus de-là, que le fond de la Roche dont il s'agit, est réellement un pétrosilex et non pas un jaspe.

On trouve cette Roche aux environs de Geneve. [*Voyages dans les Alpes*, tom. 1, pag. 113.]

TROISIEME ESPECE.

(N°. XVIII.

Roche composée de pétrosilex et de zéolite.

On a découvert cette Roche dans le *Gustavsgrufva*, ou mine de Gustave en Jemtland, province de Suede. (BORN. *Ind. foss. pars I*, pag. 47.)

QUATRIEME ESPECE.
(N°. XIX.)

Roche composée de pétrosilex et de schorl.

Cette Roche a été trouvée à Salberg en Suede.

CINQUIEME ESPECE.

(N°. XX.)

Roche composée de pétrosilex , de schorl et de mica.

L'on a rencontré une Roche de cette espece à Billberg près d'Annaberg en Saxe.

SIXIEME ESPECE.

(N°. XXI.)

Roche composée de pétrosilex et d'argile durcie.

Cette Roche contient du spath de plomb à Przibram en Bohême, et elle sert de matrice à de la mine de mercure dans le *Chriſtian Erzfreude* au duché de Deux-Ponts.

SEPTIEME ESPECE.

(N°. XXII.

Roche compoſée de pétrosilex, d'argile durcie et de ſpath calcaire.

On trouve cette Roche dans le *Namen-Jeſus-Stolln* à Schneeberg en Saxe.

TROISIEME DISTINCTION.

ROCHES DE QUARTZ.

PREMIERE ESPECE.

(N°. XXIII.)

Roche composée de quartz, de feldspath
et de schorl.

Quand les *graniti neri*, ou *neri e bian-chi*, ainsi que les *graniti verdi* des Italiens renferment des particules de feldspath, comme cela arrive quelquefois, ils appartiennent alors à la présente espece de Roche. En général, ces *graniti neri* ou *neri e bianchi* et ces *graniti verdi* sont orientaux ou antiques. [*Lettres* de FERBER, pag. 346 et suiv.] L'on trouve en Tirol, ainsi qu'entre Langenfeld et Langenloys en Basse-Autriche, une Roche qui, composée de quartz, de feldspath et de schorl, est remarquable en ce que la couleur de ce dernier est d'un beau bleu céleste.

DEUXIEME ESPECE.
(N°. XXIV.)

Roche composée de quartz et de grenats.

[Saxum granaticum e quartzo et granato.
Disp. mus. cæs. pag. 54.]

L'on trouve à Sunnerskog en Suede, une telle Roche dont le quartz est blanc et les grenats sont informes, opaques et d'un rouge obscur; il y a aussi une Roche composée de quartz blanc, dans lequel se trouvent de très-petites particules de grenats jaunâtres : cette derniere est une matrice d'argent natif à Kongsberg en Suede.

On voit dans toutes les collections d'Histoire naturelle à Vienne, les échantillons d'une Roche qui a pour base une pierre d'un vert de pré, ordinairement demi-transparente, et mêlée de beaux grenats rouges et transparens. Les curieux désignent cette Roche sous le nom de pierre à grenats de Gottweig, parce qu'elle se trouve à Gottweig en Haute-Autriche; on en rencontre toutefois et de la plus belle à Gurhof; autre endroit de la Haute-Autriche, et éloigné de trois lieues de

Gottweig. **M.** Stütz parle dans ses *versuche über die mineralgeschichte*, etc. pag. 24 et suiv. de la *fameuse pierre à grenats* de Gottweig : *der berümhte granatstein*, dit-il : et il commence par exposer que suivant l'opinion commune, la pierre verte qui fait la base de cette Roche, doit être un jaspe ; mais il observe que cette même pierre a une texture trop grenue, que dans sa cassure elle est trop luisante, et a une apparence trop vitreuse pour être un jaspe, et de-là il conclut, qu'elle doit être plutôt un quartz ou un pétrosilex, ou enfin un prase : on pourroit ajouter à tout cela, que d'ailleurs le jaspe est toujours opaque, tandis que la pierre verte dont il s'agit, est ordinairement demi-transparente comme je l'ai remarqué ci-dessus. Enfin M. Stütz a cru dans la suite et après la publication de son ouvrage, que la pierre qui forme le fond de la Roche de Gottweig, est un quartz qui doit sa teinte verte à une terre de serpentine.

Il est fait mention dans les lettres de Ferber, pag. 493, d'un *quartz verdâtre qui renferme de petits grenats rouges,* et qui se trouve aux environs de Brenner en Tirol, et à la page suivante du même ouvrage, on lit encore le passage que voici : *il y a en beaucoup de cantons de la Baviere, de grands morceaux détachés de quartz transparent, d'un beau vert d'herbe, en lames minces & polies, ou peut-être plutôt de la matrice d'émeraude,* (voyez la minéralogie de CRONSTED § 73.) *cette pierre renferme de petits grenats rouges transparens.* Je n'ai jamais vu les Roches dont Ferber fait mention dans les deux passages que je viens de transcrire ; mais je m'imagine qu'elles ne différent pas de la Roche de Gottweig et de Gurhof.

TROISIEME ESPECE.

(N°. XXV.)

Roche composée de quartz, de grenats et de mica.

[*Saxum molare granaticum* de WALLERIUS *spec.* 205. C'est le *murkstein* des minéralogistes allemands. *Voyez* CRONSTEDT § 263.]

On trouve cette Roche à Kutenplan, à

Burschau et à Bleystadt en Boheme; dans ce dernier endroit elle entoure des filons de mine de plomb; la même Roche se rencontre à Geyer et à Freyberg en Saxe, à Ramingstein dans l'archevêché de Saltzbourg, où elle renferme des filons de mine d'argent; à Sterzing en Tirol, à Kaisersberg en Carinthie : elle forme des montagnes contenant des mines d'argent à Kongsberg en Norwege, et elle sert de matrice à de l'argent natif dans la mine nommée *Fräulein-Christiana* aussi à Kongsberg.

A la présente espece de Roche se rapporte le *saxum alpinum* de Linné, ainsi nommé parce qu'il se trouve aux Alpes de la Laponie, où il forme la matiere principale du sommet de ces montagnes.

Le *saxum tinnitans* aussi de Linné, appartient également à la présente espece : il se trouve à Mosseberg en Westrogothie : on a nommé cette Roche *saxum tinnitans*, à cause de la propriété qu'elle a de donner un son remarquable dès que l'on en frappe, au moyen de quelque métal, un éclat tenu sur le doigt.

QUATRIEME ESPECE.

(N°. XXVI.)

Roche composée de quartz et de schorl.

[*Granites basalticus* de WALLERIUS
spec. 200.]

Cette Roche se rencontre à Altsedlisch,
à Bergstadt et à Ratieborzitz en Bohême,
à Joanngeorgenstadt en Saxe et à Edelfors en Suede. On trouve aussi cette
Roche entre Brandsol et Brixen en Tirol, ainsi qu'entre Faistritz et Carnowitz
en Stirie. Enfin la même Roche se rencontre sous la forme de *pierre roulée*
aux environs de Geneve.

Lorsque les *graniti neri*, ou *neri e
bianchi*, ainsi que les *graniti verdi* des
Italiens, et dont j'ai parlé ci - dessus
N°. XXIII, ne contiennent pas de
feldspath, ils appartiennent alors à la
présente espece de Roche primitive.

CINQUIEME ESPECE.

(N°. XXVII.)

Roche composée de quartz, de schorl et de mica.

[*Saxum molare basalticum* de WAL-LERIUS *spec.* 206.]

Cette Roche se rencontre à Altenberg en Saxe, où elle renferme des filons de mine d'étain, à Geyer aussi en Saxe, à Ratieborzitz en Boheme, à Finsterorth près de Schemnitz en Basse-Hongrie, où elle contient des filons de mine d'or et d'argent : la même Roche se trouve aussi en Norwege. L'on vient de trouver aux environs de Murau dans le canton de Schmolnitz en Haute-Hongrie, une Roche qui appartient à la présente espece, et qui renferme un beau schorl rouge prismatique, le premier de cette sorte que l'on ait découvert.

SIXIEME ESPECE.

(N°. XXVIII.)

Roche composée de quartz, de schorl et de stéatite.

[*Granites glandulosus* de WALLERIUS *spec.* 202.]

La stéatite qui fait partie de cette Roche, est remarquable, en ce qu'elle se trouve formée en maniere de noyaux : cette même Roche se trouve au Hartz.

SEPTIEME ESPECE.

(N°. XXIX.)

Roche composée de quartz et de steinmark.

La présente Roche sert de matrice à de la mine d'argent rouge à Windischleiten en Basse-Hongrie, à de la mine d'argent arsenicale à Ratieborzitz, à de la mine d'étain à Platte et à de la mine de cuivre pyriteuse à Catharinaberg, trois endroits qui se trouvent en Boheme.

HUITIEME ESPECE.

Roche composée de quartz, de stein-marck et de mica. Gneiss.

Cette derniere dénomination nous vient des minéralogistes saxons , et je crois qu'on peut l'adopter en françois.

VARIÉTÉS *du* gneiss *par rapport à ses couleurs.*

1 *Gneiss blanc ou blanchâtre.*
2 *Gneiss gris ou cendré.*
3 *Gneiss vert ou verdâtre.*
4 *Gneiss rougeâtre.*
5 *Gneiss noirâtre.*

VARIÉTÉS *du* gneiss *par rapport à sa texture.*

(N°. XXX.)

1 *Gneiss compacte.*

[*Gneissum solidum continuum.* Disp. mus. cæs. pag. 54.]

(Nº. XXXI.)

2 *Gneiss schisteux.*

[*Gneissum fissile.* Disp. mus. cæs. *ibid.*]

Le gneiss est la matiere des montagnes qui renferment les mines de cuivre
de Herrngrund près de Neusol en Basse-
Hongrie : cette Roche contient des filons
métalliques au Kaiserstolln dans l'Hodritsch près de Schemnitz aussi en Basse-
Hongrie ; elle couvre ou forme les montagnes qui sont entre Moldava et Saska
dans le Bannat de Temeswar, et sert
de base aux filons de la mine de cuivre
des SS. Simon et Jude à Dognaska dans
le même Bannat : elle environne principalement les côtés des montagnes de
Joachimsthal en Boheme, et renferme
les filons de la mine de St. Nicolas au
Catharinaberg aussi en Boheme : elle se
trouve à Orpes et à Ratieborzitz, deux
autres endroits de la Boheme, ainsi qu'à
Freyberg et à Geyer en Saxe : à Freyberg elle renferme les filons d'une mine
d'argent, et à Geyer elle enveloppe ceux

d'une mine d'étain : la même Roche se trouve encore à Carlscrone en Suede. Enfin le gneiss sert de matrice à de l'argent natif dans le *Morgenstern* à Freyberg, à de la mine d'argent vitreuse et à de la mine d'argent blanche à Ratieborzitz, à de la mine d'argent rouge dans le *Hoffnungsbau* à Altwoschitz en Boheme, à de la mine d'argent noire dans le *Lorenz-gegentrum* à Freyberg, à de la mine d'étain à Geyer, à Ehrenfridrichsdorf et à Altenberg en Saxe, et également à de la mine d'étain à Schlaggenwald et à Zinnwald en Boheme, et finalement à du cobalt à Annaberg en Saxe. [BORN. *Ind. foss. pars I, pag.* 153. *pars II, pag.* 112. *pars I, pag.* 75. *pars II, pag.* 117. *pars I, pag.* 77, 80, 87, 88, *et* 146.]

NEUVIEME ESPECE.

Roche composée de quartz et d'argile durcie.

VARIÉTÉS *de cette Roche par rapport
à sa texture.*

(N°. XXXII.)

*1 Roche compacte , composée de quartz
et d'argile durcie.*

(N°. XXXIII.)

*2 Roche schisteuse , composée de quartz
et d'argile durcie.*

La Roche de la présente espece sert
de matrice à de la galene de plomb à
Modern près de Presbourg en Haute-
Hongrie, à de la mine de cuivre grise
à *Christophsthal* dans le Duché de Wurtemberg, à de la mine de cuivre pyriteuse à Fahlun en Suede et à Sinnewel
en Tirol, à du cinabre à Hartenstein en
Saxe et à Neumarhtl en Carinthie :
enfin la même Roche contient de la pyrite à Kongsberg en Norwege. [BORN.
Ind. foss. pars I , pag. 99, 109, 113,
129, *et pars II , pag.* 105.]

DIXIEME ESPECE.

(N°. XXXIV.)

Roche composée de quartz, d'argile durcie et de mica.

L'on trouve une telle Roche servant de matrice à de la mine d'étain à Platte et à Gottesgab en Boheme.

Le *geisbergerstein* de Gmelin [*Trad. de* LINNÉ *tom.* 1 *pag.* 652] appartient quelquefois à la présente espece, et quelquefois c'est une Roche qui forme l'espece suivante.

ONZIEME ESPECE.

(N°. XXXV.)

Roche composée de quartz, d'argile durcie et de stéatite.

Cette autre sorte de *geisbergerstein* de Gmelin [*loc. cit.*] se trouve, ainsi que la précédente, au mont St. Godard en Suisse et aux Alpes de la Savoie. Outre une portion considérable de quartz

en

en grains, que contiennent ces deux *geis-bergersteine*, ils renferment encore de ce quartz fin et crystallisé, connu vulgairement sous le nom de *crystal de roche.*

DOUZIEME ESPECE.

Roche composée de quartz et de mica.

[*Saxum fornacum* de WALLERIUS spec. 203. C'est le *gestellstein* des minéralogistes allemands. A la présente espece de Roche se rapportent le *saxum decussatum*, le *saxum garpenbergense* et le *saxum marestrandense* de·LINNÉ.]

VARIÉTÉS *de cette Roche par rapport à sa texture.*

(N°. XXXVI.)

1 *Roche compacte, composée de quartz et de mica.*

(N°. XXXVII.)

2 *Roche schisteuse, composée de quartz et de mica.*

La proportion du mélange de quartz

et de mica varie beaucoup dans la Roche de la présente espece : le quartz
de cette Roche est d'une texture tantôt
fine et tantôt grossiere, et le mica est
aussi quelquefois fin et quelquefois grossier. Cette même Roche est plus souvent schisteuse que compacte, et l'on
en voit de cette premiere sorte, dont
les feuillets alternent, l'un étant de quartz
presque pur, et le suivant presque tout
de mica. [Voyez les *voyages dans les
Alpes*, tom. I, pag. 115 et 116.]

Une Roche composée de quartz et
de mica forme à Schneeberg près de
Sterzing en Tirol, des montagnes qui
contiennent des mines de cuivre : la
même Roche forme également des montagnes à Zwittermuhle près de Platte en
Boheme. On la rencontre encore ailleurs
en Boheme, ainsi qu'à Kongsberg en
Norwege. [BORN. *Ind. foss. pars I*,
pag. 149.] Enfin cette Roche se trouve
en Suede, en Saxe, comme aussi dans
les Pyrénées. [LESKÉ, *traduction allemande du 1er. vol. de* WALLERIUS,
pag. 379 *et* 480. Voyez ce que dit
Gmelin touchant le *saxum decussatum,
garpenbergense* et *marestrandense* de LIN-

Né, *trad. du syst. minéralogique de ce dernier.* tom. I, pag. 613, 614 et 624.]

Notre présente espece de Roche sert de matrice à de l'or natif en Espagne, à de l'argent natif à Kongsberg, à de la mine d'argent rouge à Johanngeorgenstadt en Saxe, à de la mine d'argent blanche dans le *Trokenen Brod* et le *Brandler Bau* à Schladming en Stirie, ainsi qu'au *Zink wande* dans l'Archevêché de Saltzbourg, à de la mine d'étain à Zinnwalde et à Grauppen en Boheme, à Geyer, à Ehrenfridrichsdorf, à Altenberg et à Marienberg en Saxe, à de la galene de plomb à Pfunderberg dans le Harz, de même qu'au *Gangel* et au *Grübler* à Schladming en Stirie. [Born. *Ind. foss. pars I, pag.* 66, 72 et 77, *pars II, pag.* 116, 117 et 120, *pars I, pag.* 86, et 88, *pars II, pag.* 120, *pars I, pag.* 99 et *pars II, pag.* 124.]

TREIZIEME ESPECE.

(N°. XXXVIII.)

Roche composée de quartz, de mica et de stéatite.

Une telle Roche sert de matrice à de

la mine de fer à Bisberg en Suede, et c'est une Roche de la même espece qui fait partie de la montagne sur laquelle est bâti le château de Presbourg.

QUATORZIEME ESPECE.

(N°. XXXIX.)

Roche composée de quartz et de talc.

[*Saxum fornacum e quartzo et talco.* Disp. mus. cæs. pag. 54.]

L'on trouve près d'Agram en Croatie, une telle Roche, dont le quartz est blanc, et dont le talc, qui se montre disposé par couches dans ce même quartz, est de couleur verte.

QUINZIEME ESPECE.

(N° XL.)

Roche composée de quartz et de stéatite.

Cette Roche est la matrice d'une mine de cuivre vitreuse à Sunnerskog en Suede; et l'on trouve aux environs de

Geneve des *pierres roulées*, formées d'une Roche composée également de quartz et de stéatite.

SEIZIEME ESPECE.

(N°. XLI.)

Roche composée de quartz et de serpentine.

L'on trouve une telle Roche servant de matrice à de la galene de plomb, à Sala en Suede.

DIX-SEPTIEME ESPECE.

(N°. XLII.)

Roche composée de quartz et de gypse.

Cette Roche est une matrice de mine d'étain à Marienberg en Saxe.

QUATRIEME DISTINCTION.

ROCHES DE FELDSPATH.

PREMIERE ESPECE.

(N°. XLIII.)

Roche composée de feldspath et de quartz. Granit simple.

[*Granites simplex* de WALLERIUS *spec.* 199. A la présente espece de Roche se rapporte le *saxum morense* de LINNÉ.]

Wallerius observe que dans le mêlange des deux pierres qui forment la Roche dont il s'agit ici, c'est quelquefois le feldspath et quelquefois le quartz qui prédomine : toujours est-il certain, que le feldspath l'emporte sur le quartz dans le granit simple qui se trouve à Altenberg en Saxe, et qu'en outre le *saxum morense*, ainsi nommé parce qu'il se trouve à Mora en Dalécarlie, ne présente que des grains de quartz répandus dans du feldspath : du reste, je crois que l'on peut tenir en général, que le feldspath est la substance dominante non-seulement du granit simple, mais encore des quatre autres sortes de granit dont il me reste à parler (*), et qui par conséquent vont être placées également sous la distinction des Roches de feldspath. Ces quatre sortes de granit forment les quatre especes suivantes.

DEUXIEME ESPECE.

(N°. XLIV.)

Roche composée de feldspath , de quartz, de grenats et de mica. Granit contenant des grenats.

[*Minéralogie* de CRONSTEDT § 270.]

On trouve un tel granit à Platte en Boheme.

(*) Voyez KIRWAN *Anfangsgründe* , etc. pag. 171.

TROISIEME ESPECE.

(N°. XLV.)

Roche composée de feldspath, de quartz, de schorl et de mica. Granit schorlacé.

[*Granites e quartzo, spatho scintillante, mica et scorillo.* Disp. mus. cæs. pag. 54.]

Le schorl de cette Roche est ou fibreux ou écailleux ; dans ce dernier cas c'est, comme je l'ai observé ailleurs, la *hornblende* des minéralogistes allemands.

De la présente espece de Roche est ce magnifique granit qui a été découvert dans un marais près du golfe. de Finlande, et dont un bloc du poids de trois millions et deux cens mille livres, a été transporté jusqu'à Pétersbourg pour y servir de base à la statue de Pierre le grand.

L'on trouve aussi du granit schorlacé en Suede ainsi qu'en Angleterre, il se rencontre également près de Joachimsthal en Boheme, où il renferme des filons de mine d'étain. Enfin le granit schorlacé se trouve aussi dans les montagnes qui séparent la Boheme d'avec la Baviere.

QUATRIEME ESPECE.

Roche composée de feldspath, de quartz et de mica. Granit proprement dit, ou simplement *granit.*

VARIÉTÉS *du* granit *par rapport à ses couleurs.*

1. *Granit blanc et noir.*
2. *Granit gris ou cendré.*
3. *Granit noirâtre.*
4. *Granit jaunâtre.*
5. *Granit rougeâtre* ou *rouge foncé.*
6. *Granit violet.*
7. *Granit rouge et noir.*

VARIÉTÉS *du* granit *par rapport à sa texture.*

(N°. XLVI.)

1. *Granit compacte.*

[*Saxum granites* de LINNÉ. *Granites* de WALLERIUS *spec.* 201.]

L'on trouve à Platte en Boheme un

granit compacte de couleur cendrée, lequel contient des filons de mine d'étain.

(N°. XLVII.)

2. *Granit schisteux.*

[*Granit veiné* de SAUSSURE. *Voyages dans les Alpes tom. I*, *pag.* 117.]

L'auteur cité décrit cette Roche de la maniere suivante.

„ Elle a une apparence veinée et une disposition à se laisser fendre plutôt dans la direction des veines que transversalement à elles. . . . Ce qui forme les veines de cette *pierre*, c'est l'arrangement des parties du mica, qui sont disposées en lignes quelquefois tortueuses et ondées , mais dont les directions moyennes sont toujours paralleles entre elles : et les ondulations de ces lignes viennent de ce que les parties de mica embrassent les crystaux de feldspath et les grains de quartz. Dans quelques *especes*, les crystaux de feldspath sont minces, applatis et dirigés dans le sens des feuillets, d'autrefois ces crystaux inégalement épais, ont pris, comme dans les granits ordinaires, des positions obliques entre elles, mais toujours les veines de mica les embrassent et reprennent ensuite leur direction commune. "

On trouve cette Roche aux environs de Geneve.

(N°. XLVIII.)

3 Granit terreux.

[*Granites particularis constans parum cohærentibus* de CRONSTEDT § 270. *Saxum fusorium* de LINNÉ. C'est le *giesstein* des Allemands.]

On emploie ce granit à la construction des moules en usage pour couler le laiton, de là vient que cette Roche a pris les dénominations de *saxum fusorium* et de *giesstein*. On la trouve en France ainsi qu'à Platte en Boheme, dans ce dernier endroit elle contient un filon de mine d'étain.

Observations sur les granits.

Ces Roches sont les plus remarquables de toutes en ce qu'elles paroissent être la matiere principale du globe que nous habitons (*). Elles forment les chaînes de la plûpart des montagnes primitives, et on les rencontre jusques dans les plus grandes profondeurs où l'industrie humaine a pu pénétrer : en un mot, on a découvert des granits presque dans toutes les contrées où l'on a songé à faire des observations minéralogiques ; ainsi, on trouve de ces Roches en Allemagne, en Boheme, en Hongrie, en Italie, en France, en Angleterre, en Suede, en Norwege, en Russie, etc. des granits forment la plus grande partie de la chaîne des Alpes qui séparent l'Italie d'avec l'Allemagne ; ils composent la plus grande partie des monts Carpath, ainsi que la plus grande partie des montagnes qui séparent la Boheme d'avec la Baviere

---

(*) Le célèbre Pallas, fondé sur ce que lui ont appris ses propres observations, donne au granit le nom de *principal ingrédient* de l'intérieur de notre globe. Voyez les *observations sur la formation des montagnes*, *etc.* lues à l'académie impériale de Pétersbourg en 1777.

et le Haut-Palatinat. Enfin, on a rencontré des granits à la Chine, en Arabie, et tout le monde a entendu parler des granits d'Egypte et des granits orientaux : les uns et les autres étoient les seuls que l'on connoissoit autrefois, et que l'on estimoit tant lorsqu'on ignoroit encore qu'il s'en trouve en Europe, qui ne le cédent pas à tout ce que l'Egypte et l'Orient ont fourni de plus remarquable en ce genre.

Les granits sont ordinairement des Roches très-dures et qui ont la propriété de résister très-long-temps à l'action de l'air sans essuyer quelque altération ; cependant on en rencontre quelques-uns qui n'ont pas une dureté fort considérable ; nous en avons même une sorte qui a été rapportée ci-dessus N°. XLVIII et qui a une certaine friabilité ; outre cela l'on connoît des granits qui ont visiblement essuyé une décomposition quelconque : l'on trouve même des substances qui ont la nature d'une terre que l'on soupçonne n'être autre chose que des granits dans un état de décomposition : d'un autre côté M. Pallas croit que les sables, principalement ceux de la mer,

doivent leur origine à des granits dé-
composés , et certainement lorsqu'on
examine bien une telle supposition, l'on
est porté à convenir qu'elle est des plus
probables.

CINQUIEME ESPECE.
(N°. XLIX.)

*Roche composée de feldspath, de quartz,
de mica et de stéatite.*

[*Granites steatite mixtus* de BORN. *Ind.
foss. pars I , pag.* 152.]

Cette Roche se trouve à Sunnerskog
en Suede et au *Guten Hoffnungsbau* près
d'Altwoschitz en Boheme.

SIXIEME ESPECE.
(N°. L.)

Roche composée de feldspath et de grenats.

L'on rencontre une telle Roche dans
l'île de Seeland [BORN. *Ind. foss.
pars I , pag.* 82.]

SEPTIEME ESPECE.
(N°. LI.)

Roche composée de feldspath et de schorl.

L'on a trouvé cette Roche dans la

Muhr en Stirie et dans la mine Conrad près de Platte en Boheme. [BORN. *Ind. foss. pars I, pag.* 34.] Enfin on rencontre la même Roche en forme de *pierre roulée* aux environs de Geneve. [*Voyages dans les Alpes*, tom. I, pag. 60.]

HUITIEME ESPECE.

(N°. LII.)

Roche composée de feldspath et de mica.

[*Saxum fatiscens, saxum spathosum micaceumque salsum fatiscens* de LINNÉ. On nomme cette Roche *siebfrattsten* en Suede et *Rapakivi* en Finlande.]

Le nom de *saxum fatiscens* a été donné à la présente Roche à cause de la propriété qu'elle a de se décomposer, ce qui arrive aux endroits de cette Roche qui sont exposés au midi : il résulte de cette décomposition un sable grossier. Cette Roche se trouve en Finlande et elle se rencontre aussi, mais plus rarement, en Gothland. [GMELIN *trad.* de LINNÉ *tom. I, pag.* 621.]

CINQUIEME DISTINCTION.

ROCHES DE TRAPP.

PREMIERE ESPECE.

(N°. LIII.)

Roche composée de trapp et de feldspath.

L'on trouve cette Roche dans l'île de Bornholm en Dannemark.

DEUXIEME ESPECE.

(N°. LIV.)

Roche composée de trapp et de schorl.

On rencontre à Stiavnitza près de Rositz en Basse-Hongrie une telle Roche, dont le trapp, qui est de couleur cendrée, renferme des particules de schorl noir, et près de Faistritz en Stirie l'on trouve une Roche composée de trapp d'un gris bleuâtre, lequel contient du schorl noir crystallisé.

TROISIEME ESPECE.

(N°. LV.)

Roche composée de trapp, de schorl et de spath calcaire.

Cette Roche se trouve au *Kuhgang* dans la mine nommée l'*Einigkeit* à Joachimsthal en Boheme : elle s'y montre sous la forme d'un filon fort régulier : son épaisseur va depuis celle de quelques pouces jusqu'à une étendue de quarante toises.

SIXIEME DISTINCTION.

ROCHES DE GRENATS.

PREMIERE ESPECE.

(N°. LVI.)

Roche composée de grenats, de schorl et d'asbeste.

L'on rencontre cette Roche, dont le schorl est une hornblende, près d'Orpes non loin de Presnitz en Boheme. [GMELIN *trad.* de LINNÉ *tom.* I, *pag.* 647.]

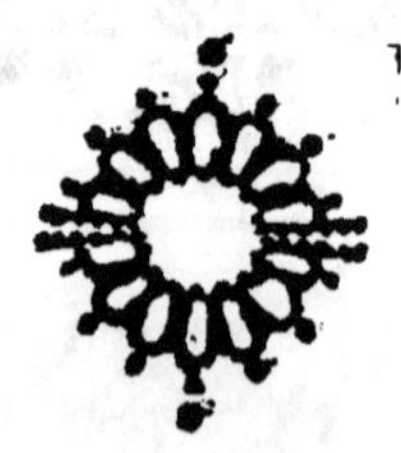

DEUXIEME ESPECE.

(Nᵒ. LVII.)

*Roche composée de grenats, de quartz,
de mica et de serpentine.*

La présente Roche ne contient qu'une petite portion de quartz et elle renferme un peu de pyrite : elle se trouve aux environs du *Pusterthal* dans les montagnes situées vers le district nommé *Windische Matrey* en Tirol. [BRUCK-MANN second supplément à son *Abhandlung von Edelsteinen* , *pag.* 221.]

SEPTIEME DISTINCTION.

ROCHES DE CHORL.

PREMIERE ESPECE.

(N°. LVIII.)

*Roche composée de schorl, de tourma-
line et de grenats.*

M. Muller a découvert dans le
Schneeberg, montagne du territoire de
Sterzing en Tirol, une telle Roche dont
le schorl est une hornblende solide,
striée, luisante et d'un gris foncé; renfermant de gros crystaux de tourmaline, lesquels contiennent de petits grenats crystallisés, transparens et de couleur rouge. [*Lettre sur la tourmaline
du Tirol*, pag. 19 à la note.]

DEUXIEME ESPECE.

(N°. LIX.)

*Roche composée de schorl, de tourma-
line et de mica.*

Le schorl de cette Roche est une
hornblende striée finement, qui renferme
des crystaux de tourmaline, et le tout
est accompagné d'un mica de couleur
jaune. On a trouvé cette même Roche
en Tirol. [*Lettre sur la tourmaline du
Tirol, pag.* 18.]

TROISIEME ESPECE.

(N°. LX.)

*Roche composée de schorl, de grenats
et de zéolite.*

Une telle Roche a été découverte
dans le *Gustavsgrufva* en Jemtland, province de Suede. [BORN. *Ind. foss.
pars I, pag.* 47.]

QUATRIEME ESPECE.

(N°. LXI.)

Roche composée de schorl et de grenats.

Cette Roche se rencontre dans le *Stripasgrufva* en Wessmannie, province de Suede. [BORN. *Ind. foss. pars I*, *pag.* 32.] et Ferber dit qu'il a trouvé entre Faistritz et Carnowitz en Stirie, des morceaux détachés de schorl vert, spathique, qui renferme de grands grenats rouges : il ajoute que ce schorl est quelquefois écailleux et d'un tissu micacé. [*Lettres sur la minéralogie d'Italie, pag.* 10.] Enfin l'on trouve aussi aux environs de Geneve, des *pierres roulées*, formées d'une Roche composée de schorl et de grenats. [*Voyages dans les Alpes, tom. I, pag.* 66.]

CINQUIEME ESPECE.
(N°. LXII.)

Roche composée de schorl et de mica.

[*Saxum grandaevum* de LINNÉ. *Saxum ferreum* de WALLERIUS *spec.* 212. La Roche de la présente espece est le *grünstein* des minéralogistes allemands.]

Le schorl de cette Roche est une hornblende.

On trouve la présente Roche aux monts Taxas et Moslan en Smoland, au mont Hykie en Dalékarlie, sur le sommet du mont Kinnekulle, ainsi que près de Rattwik et dans d'autres endroits de la Suede. La même Roche se trouve aussi à Sterzing en Tirol.

DEUXIEME GENRE.

ROCHES *A BASE DE TERRE ARGILEUSE.*

PREMIERE DISTINCTION.

ROCHES DE STEINMARK.

PREMIERE ESPECE.

(N°. LXIII.)

Roche composée de steinmark et de mica.

L'on trouve cette Roche à Schlaggenwald en Boheme.

DEUXIEME

DEUXIEME ESPECE.

(N°. LXIV.)

Roche composée de steinmark et de schorl.

Cette Roche dont le steinmark est friable, se trouve à Altenberg en Saxe. [BORN. *Ind. foss. pars I, pag.* 35.]

TROISIEME ESPECE.

(N°. LXV.)

Roche composée de steinmarck et de spath fusible.

L'on rencontre cette Roche servant de matrice à de la mine d'étain au *Sauberg* près d'Ehrenfridrichsdorf en Saxe.

D

DEUXIEME DISTINCTION.

ROCHES D'ARGILE DURCIE.

PREMIERE ESPECE.

(N°. LXVI.)

Roche composée d'argile durcie, de steinmark et de mica.

Cette Roche, ainsi que neuf autres qui seront rapportées ci-après, ont reçu la dénomination latine de *saxum metalliferum*, parce qu'elles ont toutes la propriété de former des montagnes qui contiennent des filons métalliques. Ces *saxa metallifera* se trouvent principalement en Hongrie et en Transylvanie : on en rencontre aussi en Bohème, dans le Palatinat, dans le Tirol et en Suede Voyez sur ces différentes Roches, BORN. *Ind. foss. pars I, pag.* 54, 55 *et* 154. *Voyage minéralogique fait en Hongrie et en Tran-*

sylvanie par le même, lettre XIII. *Disp. mus cæs.* pag. 55. GMELIN, *trad. de* LINNÉ, tom. I, pag. 625.

DEUXIEME ESPECE.
(N°. LXVII.)

Roche composée d'argile durcie , de steinmark et de schorl.

Lorsque j'ai parlé ci-dessus des Ro‑ ches primitives en général , j'ai fait men‑ tion de celles qu'on a nommées en latin *saxa glandulosa* ou *amygdaloïdes* et en allemand *mandelsteine* , parce qu'elles renferment certaines masses pierreuses de forme elliptique ou arrondie : or , la Roche de la présente espece est un de ces *saxa glandulosa* , vu que le steinmark qu'elle contient, se montre formé en globules répandus dans la ma‑ tiere qui fait le fond de la même Ro‑ che. L'on compte encore sept autres sortes de *saxa glandulosa*, lesquels trou‑ veront ci-après leurs places sous autant de différentes especes de Roches primi‑ tives.

On a considéré, ou comme une ar‑

gile durcie , ou comme un jaspe , la matiere qui forme le fond de ces huit différens *saxa glandulosa* : peut-être cette matiere n'est-elle ni une argile durcie , ni un jaspe , mais une substance dont l'origine est semblable à celle que j'attribue au basalte , c'est-à-dire , dont l'origine est due à la décomposition et ensuite à la recomposition d'une production volcanique : toutefois , en attendant qu'un tel doute puisse être éclairci , je place les *saxa glandulosa* parmi les Roches d'argile durcie.

L'on trouve des *saxa glandulosa* dans le Vicentin, à Stiavniza près de Ronitz en Basse-Hongrie, en Norwege, dans l'île de Ferroé, à Derbyschire en Angleterre, dans le Palatinat, dans le duché de Deux-Ponts, au Hartz, à Zwikau en Saxe, à Stitz en Boheme ; et je remarquerai ici en particulier, que c'est à Bukau près de Carlsbad également en Boheme, qu'on a trouvé le *saxum glandulosum* désigné ci-dessus comme formant la deuxieme espece des *Roches d'argile durcie* : enfin, on a aussi trouvé un *saxum glandulosum* aux Indes. [Voyez GMELIN, *trad. de* LINNÉ,

tom. *I*, pag. 637. BORN. *Ind. foss.*
pars *I*, pag. 151 *et* 152 , *et pars II* ,
pag. 146. WALLERIUS *spec.* 215.
CRONSTEDT, § 268. *Disp. mus. cæs.*
pag. 55 *et* 56.]

TROISIEME ESPECE.

(N°. LXVIII.)

*Roche composée d'argile durcie , de stein-
mark et de quartz.*

2e. sorte de *saxum metalliferum.*

QUATRIEME ESPECE.

(N°. LXIX.)

*Roche composée d'argile durcie , de stein-
mark , de quartz et de schorl.*

3e. sorte de *saxum metalliferum.*

CINQUIEME ESPECE.

(N°. LXX.)

*Roche composée d'argile durcie et de
mica.*

4e. sorte de *saxum metalliferum.*

D 3

SIXIEME ESPECE.

(N°. LXXI.)

Roche composée d'argile durcie, de mica et de quartz.

5e. sorte de *saxum metalliferum.*

SEPTIEME ESPECE.

(N°. LXXII.)

Roche composée d'argile durcie, de mica, de quartz et de schorl.

6e. sorte de *saxum metalliferum.*

HUITIEME ESPECE.
(N°. LXXIII.)

Roche composée d'argile durcie, de mica et de feldspath.

7e. sorte de *saxum metalliferum.*

NEUVIEME ESPECE.
(N°. LXXIV.)

Roche composée d'argile durcie et de quartz.

8e. sorte de *saxum metalliferum.*

DIXIEME ESPECE.

(N°. LXXV.)

Roche composée d'argile durcie, de quartz et de feldspath.

9e. sorte de *saxum metalliferum.*

ONZIEME ESPECE.

(N°. LXXVI.)

Roche composée d'argile durcie, de quartz, de feldspath et de schorl.

10e. sorte de *saxum metalliferum.*

DOUZIEME ESPECE.

(N°. LXXVII.)

Roche composée d'argile durcie et de zéolite.

La zéolite qui se trouve dans la présente Roche, est formée en masses globuleuses, et ainsi cette même Roche est une deuxieme sorte de *saxum glandulo-*

TREIZIEME ESPECE.

(N°. LXXVIII.)

Roche composée d'argile durcie, de zéolite, de schorl et de spath calcaire.

Cette Roche, dont la zéolite et le spath calcaire sont formés en globules, est une troisieme sorte de *saxum glandulosum.*

QUATORZIEME ESPECE.

(N°. LXXIX.)

Roche composée d'argile durcie et de grenats.

L'on trouve cette Roche à Orpes près de Presnitz en Boheme, où elle sert de matrice à de la manganese compacte et vitreuse, le *wolfram* des minéralogistes allemands. [BORN. *Ind. foss. pars I, pag.* 49.]

QUINZIEME ESPECE.

(N°. LXXX.)

Roche composée d'argile durcie et de schorl.

On trouve cette Roche à Altzedlitsch en Boheme, dans le *Joannes-gang* près de Bleystadt également en Boheme et au *Brennerstolln* dans l'Hodritsch près de Schemnitz en Basse-Hongrie. [BORN. *Ind. foss. pars I*, *pag.* 35, *pars II*, *pag.* 95 *et* 96.]

SEIZIEME ESPECE.

(N°. LXXXI.)

Roche composée d'argile durcie et de stéatite.

Cette Roche dont la stéatite est en masses sphériques, forme une quatrieme sorte de *saxum glandulosum*.

DIX-SEPTIEME ESPECE.

(N°. LXXXII.)

Roche composée d'argile durcie, de stéatite et de spath calcaire.

La stéatite et le spath contenus dans cette Roche, sont en masses globuleuses, et ainsi cette même Roche est une cinquieme sorte de *saxum glandulosum*.

DIX-HUITIEME ESPECE.

(N°. LXXXIII.)

Roche composée d'agile durcie et de serpentine.

Cette Roche est une sixieme sorte de *saxum glandulosum*, puisque la serpentine qu'elle contient est formée en globules.

DIX-NEUVIEME ESPECE.

(N°. LXXXIV.)

Roche composée d'argile durcie, de ser-
pentine et de spath calcaire.

La serpentine et le spath calcaire de
cette Roche sont en masses de forme
elliptique, et ainsi la même Roche est
une septieme sorte de *saxum glandu-*
losum.

VINGTIEME ESPECE.

(N°. LXXXV.)

Roche composée d'argile durcie et de
spath calcaire.

Le spath calcaire se trouve dans cette
Roche en masses elliptiques : elle forme
une huitieme sorte de *saxum glandu-*
losum.

VINGT-UNIEME ESPECE.

(N°. LXXXVI.)

Roche composée d'agile durcie et de spath pesant.

Cette Roche est le *kros - stein* des Allemands : l'argile durcie qui en fait le fond est grise, et elle renferme un spath pesant, de couleur blanche, lequel se montre disposé dans cette argile, en forme de veines serpentantes qui font un effet si singulier, qu'au premier coup d'œil on les prendroit quelquefois pour des pétrifications de certains vers, ou en général pour les restes de quelques corps organisés.

La Roche dont il s'agit se trouve à Bochnia en Pologne.

TROISIEME DISTINCTION.

ROCHES DE MICA.

PREMIERE ESPECE.

(N°. LXXXVII.)

Roche composée de mica et d'asbeste.

On trouve cette Roche à Sterzing en Tirol.

DEUXIEME ESPECE.

(N°. LXXXVIII.)

Roche composée de mica, d'asbeste et de grenats.

Cette Roche a été découverte en Laponie. [BORN. *Ind. foss. pars I,* *pag. 32.]*

TROISIEME ESPECE.

(N°. LXXXIX.)

Roche composée de mica et de grenats.

L'on rencontre une telle Roche à Paternion en Carinthie , aux monts Carpath en Hongrie, à Ehrenfridrichsdorf en Saxe, et elle est une matrice de mine de cuivre jaune à Svartberg en Westmanie , province de Suede.

La présente espece de Roche comprend le *saxum granosum* et le *saxum punctatum* de Linné : le premier se trouve à Silfberg en Suede , et le second à Kiœping en Scanie.

QUATRIEME ESPECE.

(N°. XC.

Roche composée de mica, de grenats et de schorl

M. Muller a découvert une telle Roche au Greyner, très-haute montagne du Tirol; les grenats de cette Roche sont ferrugineux , quelquefois informes.

et quelquefois crystallisés, et le schorl
qui les accompagne est une hornblende
ou schorl écailleux. Enfin l'auteur que
je viens de citer a observé que la Roche dont il s'agit, occupe dans un granit,
certaines fentes ressemblantes à celles
que remplissent les filons métalliques.
[*Lettre sur la tourmaline du Tirol*, pag.
9 et 10.]

CINQUIEME ESPECE.

(N°. XCI.)

Roche composée de mica et de schorl.

Cette Roche, dont le schorl est une
hornblende, se trouve au Greiner en
Tirol.

TROISIEME GENRE.

ROCHES OU SIMPLEMENT MURIATIQUES, OU RÉELLEMENT A BASE DE MAGNÉSIE.

PREMIERE DISTINCTION.

ROCHES DE TALC.

PREMIERE ESPECE.

(N°. XCII.)

Roche composée de talc et de grenats.

L'on trouve cette Roche dans les montagnes de la Silésie et du comté de Glatz. [GERHARD *Beiträge zur chymie und geschichte des mineralreichs*, tom. I, pag. 29.]

DEUXIEME ESPECE.

(N°. XCIII.)

Roche composée de talc, de grenats et de quartz.

Il est à observer que c'est le talc seul, et non pas le quartz qui renferme des grenats dans la présente Roche, laquelle se trouve au Puhu et au Schnee-berg, deux montagnes du comté de Glatz. [GERHARD, *pag.* 29 *et* 30 *de l'ouvrage cité au* N°. *précédent.*]

TROISIEME ESPECE.

(N°. XCIV.)

Roche composée de talc et de tourmaline.

Le talc de cette Roche est schisteux, et la tourmaline qu'il contient se montre en crystaux qui semblent articulés, ce qui vient des fentes qu'ils ont de distance en distance; quelquefois on trouve des particules de talc, insinuées dans les fentes dont il s'agit.

M. Muller a découvert la présente

Roche au *Jurzagl*, montagne du Tirol.
[*Lettre sur la tourmaline du Tirol,
pag. 19 à la note.*]

DEUXIEME DISTINCTION.

ROCHES DE STÉATITE.

PREMIERE ESPECE.

(N°. XCV.)

Roche composée de stéatite et d'asbeste.

L'on trouve cette Roche à Leutschau en Haute-Hongrie.

DEUXIEME ESPECE.

(N°. XCVI.)

*Roche composée de stéatite, d'asbeste
et de mica.*

Une telle Roche se rencontre à Zoblitz en Saxe.

TROISIEME ESPECE.

Roche composée de stéatite et de mica.

[Cette Roche est le *schneidestein* des minéralogistes allemands, voyez CRON-STEDT, § 265.]

VARIÉTÉS *de cette Roche par rapport à ses couleurs.*

1. *Roche grise, composée de stéatite et de mica.*

2. *Roche noirâtre, composée de stéatite et de mica.*

3. *Roche jaunâtre, composée de stéatite et de mica.*

4. *Roche verdâtre, verte ou d'un vert foncé, composée de stéatite et de mica.*

5. *Roche verdâtre tachetée de blanc, composée de stéatite et de mica.*

VARIÉTÉS *de cette Roche par rapport à sa texture.*

(N°. CXVII.)

1. *Roche compacte, composée de stéatite et de mica.*

[*Lapis ollaris* de WALLERIUS *spec.* 189]

(N°. XCVIII.)

2. Roche schisteuse, composée de stéatite et de mica.

[*Ollaris lamellaris* de **WALLERIUS** *spec.* 190.]

On trouve la Roche qui forme la présente espece en Norwege, à Bisberg en Suede, à Altwoschitz en Boheme, à Stiavnitza, à Bernstein et à Schmolnitz en Hongrie; dans ce dernier endroit elle renferme de la pyrite : enfin elle sert de matrice à de l'or natif dans le Zillerthal, et à de la mine de cuivre jaune à Sterzing en Tirol.

QUATRIEME ESPECE.

(N°. XCIX.)

Roche composée de stéatite, de mica et de grenats.

L'on a trouvé une telle Roche à Handol en Jempterland , contrée septentrionale de la Suede. [BORN. *Ind. foss. pars II, pag.* 94.]

CINQUIEME ESPECE.

(N°. C.)

Roche composée de stéatite, de mica et de schorl.

Cette Roche se rencontre à Salberg en Westmannie, province de Suede. [BORN. *Ind. foss. pars II, pag.* 95.]

SIXIEME ESPECE.

(N°. CI.)

Roche composée de stéatite, de mica et de tourmaline.

La tourmaline dont il s'agit ici, est la premiere que M. de Muller a découverte, et cela dans le Greiner, montagne du Tirol : il a rencontré cette pierre, dit-il, en crystaux contenus dans un *schneidestein*, lequel occupoit dans du granit, certaines fentes ressemblantes à celles que remplissent les filons métalliques : or , comme le *schneidestein* est un composé de stéatite et de mica, ainsi qu'il a été dit plus haut, nous avons donc à considérer ici une Roche telle que je l'ai énoncée sous le présent N°. [Voyez la *Lettre. sur la tourmaline du Tirol*, *pag.* 12 *et* 13.]

SEPTIEME ESPECE.

(N°. CII.)

Roche composée de stéatite et de spath calcaire.

C'est dans une carriere d'agates à Usenbach dans le duché de Deux-Ponts, que l'on trouve cette Roche, qui présente une stéatite ferrugineuse contenant du spath calcaire en masses de forme elliptique. [GMELIN, *trad. de* LINNÉ, *tom. I , pag.* 647.]

TROISIEME DISTINCTION.

ROCHES DE SERPENTINE.

PREMIERE ESPECE.
(N°. CIII.)

Roche composée de serpentine et d'asbeste.

On rencontre une telle Roche près
de Zoblitz en Saxe. [GMELIN , *trad. de*
LINNÉ , *tom. I , pag.* 648.] La même
Roche se trouve aussi à Prato dans le
Florentin.[Voyez *les Lettres de* FERBER,
pag. 111 *et* 112.]

DEUXIEME ESPECE.
(N°. CIV.)

Roche composée de serpentine , d'asbeste
et de grenats.

Cette Roche a été découverte il n'y
a pas long‑temps à Guhrhof non loin

de Gottweig en Haute-Autriche : les grenats qu'elle contient sont rouges, ils se trouvent dispersés dans une serpentine verte, et chacun de ces grenats forme un centre où vont aboutir des filets convergens d'un asbeste de couleur blanche.

TROISIEME ESPECE.

(N°. CV.)

Roche composée de serpentine et de grenats.

On trouve cette Roche à Zoblitz en Saxe.

QUATRIEME ESPECE.

(N°. CVI.)

Roche composée de serpentine et de schorl.

Cette Roche dont le schorl est une hornblende, se trouve à Sterzing en Tirol, où elle sert de matrice à la mine de fer crystallisée, que Linné nomme *ferrum crystallisatum retractorium adhaerens.*

CINQUIEME

CINQUIEME ESPECE.

(N°. CVII.)

*Roche composée de serpentine, de mica
et de spath calcaire.*

Il y a, comme l'observe Ferber, un
gabbro, c'est-à-dire une serpentine, mêlé de mica, et ce mélange contient
souvent de petites veines de spath calcaire : c'est d'après cet énoncé que je
forme ici la présente espece de Roche,
laquelle se trouve au *monte ferrata di
prato* dans le Florentin. [*Lettres sur la
minéralogie d'Italie*, pag. 112.]

SIXIEME ESPECE.

(N°. CVIII.)

*Roche composée de serpentine et de marbre
ou de spath calcaire.*

Ce que Ferber nous apprend touchant
la *polzevera* des Italiens, me fournit la
présente espece de Roche : la *polzevera*,
dit-il, *est un gabbro veiné de marbre ou
de spath calcaire* : j'ai déjà remarqué ci-
dessus que le *gabbro* est notre serpentine.

E

La dénomination donnée par les Italiens à la présente Roche, vient de l'endroit où elle se trouve, lequel se nomme *Polzevera*; c'est une vallée dans l'Etat de Gênes. [*Lettres sur la minéralogie d'Italie*, pag. 119.]

QUATRIEME DISTINCTION.

ROCHE D'ASBESTE.

Telle est

(N°. CIX.)

Une Roche composée d'asbeste et de grenats.

L'on trouve cette Roche à Sterzing en Tirol, ainsi que dans la mine de St. Isidore à Dognaska au bannat de Temeswar. [BORN. *Ind. foss. pars I*, pag. 32.]

QUATRIEME GENRE.

ROCHES A BASE DE TERRE CALCAIRE.

PREMIERE DISTINCTION.

ROCHES DE PIERRE CALCAIRE GROSSIERE.

PREMIERE ESPECE.

(N°. CX.)

Roche composée de pierre calcaire gros-siere et de serpentine.

[*Ophite* de CRONSTEDT, § 261.]

Cette Roche se rencontre à Deva en Transylvanie, où elle entoure des filons de mine de cuivre, à Rota près de Kap-nik aussi en Transylvanie, où elle renferme des filons de mine aurifere, et dans l'Hodritsch près de Schemnitz en Hongrie, où elle contient les filons de la mine nommée *Tous les Saints* [BORN. *Ind. foss. pars I, pag.* 148.] Enfin l'on trouve dans le *unverhoften Glück* près de Schwarzenberg en Saxe, la Roche dont il s'agit, servant de matrice à de la galene de plomb. [GMELIN, *trad.* de LINNÉ, *tom. I, pag.* 640.]

DEUXIEME ESPECE.

(N°. CXI.)

Roche composée de pierre calcaire grossiere, de serpentine et d'asbeste.

Cette Roche se trouve à Brand près de Rastenberg en Basse-Autriche.

TROISIEME ESPECE.

(N°. CXII.)

Roche composée de pierre calcaire grossiere, de serpentine et de schorl.

[*Ophites basalto mixtus*, de BORN. *Ind. foss. pars I, pag.* 148.]

Une telle Roche environne des filons

de la mine SS. Simon et Jude à Dognaska dans le bannat de Temeswar,
elle se trouve aussi aux mines de cuivre
de Saska dans le même bannat, et en
outre à Hoferschlag près de Schemnitz
en Basse-Hongrie.

QUATRIEME ESPECE.

(N° CXIII.)

*Roche composée de pierre calcaire gros-
siere et de mica.*

[*Calcarius saxosus e calcario et mica.*
Disp. mus. cæs. pag. 56.]

L'on rencontre cette Roche dans les
environs de Meissau en Autriche.

CINQUIEME ESPECE.

(N°. CXIV.)

*Roche composée de pierre calcaire gros-
siere et de schorl.*

L'on a trouvé cette Roche à Eibenstok en Saxe.

SIXIEME ESPECE.

(N°. CXV.)

*Roche composée de pierre calcaire gros-
siere et de quartz.*

[*Saxum cinereum fissile , induratum,
e lapide calcario , particulis quartzosis mixto* de BORN. *Ind. foss. pars I,
pag.* 155.]

L'on rencontre cette Roche à Eisle-
ben en Saxe.

La présente espece de Roche comprend le *saxum sahlbergense* de Linné,
nommé ainsi parce qu'il se trouve à Sahl-
berg en Westmannie, où il est la matrice
d'une galene riche en argent. Voyez
GMELIN, *trad. de* LINNÉ, *tom.* I,
pag. 609.

DEUXIEME DISTINCTION.

ROCHES DE SPATH CALCAIRE.

PREMIERE ESPECE.

(N°. CXVI.)

Roche composée de spath calcaire et de quartz.

Cette Roche se trouve dans le *Fürstenstolln* à Kapnik en Transylvanie, où elle sert de matrice à de la mine d'argent blanche. [BORN. *Ind. foss. pars I, pag. 79.*]

DEUXIEME ESPECE.

(N°. CXVII.)

Roche composée de spath calcaire, de quartz et de schorl.

Une partie du spielberg à Brünn en

Moravie, est composé d'une telle Roche, dont le spath calcaire est rouge, le quartz blanc et le schorl, qui est écailleux et par conséquent une hornblende, a une teinte verdâtre.

TROISIEME ESPECE.

(N°. CXVIII.)

Roche composée de spath calcaire et de feldspath.

On a trouvé dans l'île de Bornholm, cette Roche servant de matrice à de la galene de plomb.

QUATRIEME ESPECE.

(N°. CXIX.)

Roche composée de spath calcaire et de zéolite.

Cette Roche s'est rencontrée à Edelfors en Suede.

CINQUIEME ESPECE.

(N°. CXX.)

Roche composée de spath calcaire et de grenats.

L'on a trouvé une telle Roche à Sterzing en Tirol.

SIXIEME ESPECE.

(N°. CXXI.)

Roche composée de spath calcaire et de schorl.

Cette Roche se rencontre à Eibenstok en Saxe. [BORN. *Ind. foss. pars I, pag.* 34.] On trouve aussi aux environs de Geneve la même Roche en forme de *pierre roulée.* [*Voyages dans les Alpes,* tom. *I, pag.* 67.]

SEPTIEME ESPECE.

(N°. CXXII.)

Roche composée de spath calcaire, de schorl et d'argile durcie.

L'on a découvert cette Roche au Ostamberg dans le Norrberke en Suede. [BORN. *Ind. foss. pars II, pag.* 95.]

HUITIEME ESPECE.

(N°. CXXIII.)

Roche composée de spath calcaire, de schorl et de mica.

Nous trouvons dans les lettres de Ferber le passage suivant, lequel nous fait connoître la présente Roche : ,, du spath calcaire, dit cet auteur, ou plutôt de la pierre calcaire blanche solide, à très-petits grains, sur et dans laquelle il y a du mica et des crystaux de schorl de différente couleur. ʼʼ Il est a observer que lorsque le même auteur continue à parler de la présente Roche, il ne fait plus mention de la *pierre calcaire solide*, mais il se sert toujours, et à plusieurs reprises, de la dénomination de *spath*.

L'on rencontre des éclats de la Roche dont il s'agit au mont Vésuve : ces éclats ont été lancés hors des abymes de ce volcan, sans avoir toutefois été altérés par le feu. [*Lettres sur la minéralogie d'Italie*, pag. 217 *N*°. 8, et pag. 218 *N*°. 9 et 11.]

NEUVIEME ESPECE.

(N°. CXXIV.)

Roche composée de spath calcaire et de mica.

L'on a trouvé cette Roche à Sala en Suede.

DIXIEME ESPECE.

(N°. CXXV.)

Roche composée de spath calcaire et de talc.

[*Saxum talcosum* de LINNÉ.]

Cette Roche se rencontre en Italie. [GMELIN, trad. de LINNÉ, tom. I, pag. 609.]

E 6

ONZIEME ESPECE.

(N°. CXXVI.)

Roche composée de spath calcaire et d'asbeste.

L'on a trouvé cette Roche à Dannemora en Suede.

TROISIEME DISTINCTION.

ROCHE DE MARNE CALCAIRE.

De cette sorte est

(N°. CXXVII.)

Une Roche composée de marne calcaire durcie et de schorl.

Cette Roche a été trouvée à Traunstein en Haute-Autriche. [BORN. *Ind. foss.* pars *I*, *pag.* 34.]

CINQUIEME GENRE.

ROCHE A BASE DE TERRE PESANTE.

Telle est

(N°. CXXVIII.)

Une Roche composée de spath pesant et de schorl.

[*Basaltes in gypso ponderoso albo* de BORN. *Ind. foss. pars I, pag.* 34.]

L'on a découvert cette Roche à Gottesgab en Boheme.

APPENDICE

A LA CLASSE DES ROCHES PRIMITIVES.

Genre de Roches à base de gypse.

Ces Roches pourroient porter le nom de *Roches salines* : l'on voudra bien se rappeller ici l'observation qui, dans mon système abrégé des terres et des pierres, se trouve à la suite des substances à base de terre calcaire.

PREMIERE ESPECE.

(N°. CXXIX.)

Roche composée de gypse & de spath fusible.

Le gypse de cette Roche est blanc et il renferme du spath fusible de couleur violette, lequel est disposé par veines ou formé en crystaux cubiques. L'on trouve cette Roche au *Morgenstern* près de Freyberg en Saxe. [GMELIN, *Einleitung in die Mineralogie, pag.* 72 § 94]

DEUXIEME ESPECE.
(N°. CXXX.)

Roche composée de gypse et de grenats.

Une telle Roche se rencontre à Zamobor en Croatie. Le gypse de cette Roche est blanc rayé de brun-rougeâtre et de gris, et les grenats contenus dans ce gypse ont cette même couleur brune-rougeâtre.

TROISIEME ESPECE.
(N°. CXXXI.)

Roche composée de gypse et de jaspe.

Le jaspe est disposé par veines dans le gypse qui fait le fond de cette Roche, laquelle est le *salband* d'une mine de cuivre à Berschweiler dans le duché de Deux - Ponts. [GMELIN , *trad. de* LINNÉ, *tom. I, pag. 647.*]

SECONDE CLASSE.

LES ROCHES
SECONDAIRES.

En parlant au commencement de cet ouvrage, des Roches en géneral, j'ai observé que les Roches secondaires sont de deux sortes, les *breches* et les *grès* : j'ai dit que les breches sont des amas de différens fragmens de pierres, liés ensemble par un gluten pierreux, et que les grès ne sont autre chose que des sables tantôt fins, tantôt grossiers, lesquels sont également unis par un gluten quelconque : enfin, j'ai remarqué que les breches et les grès paroissent visiblement être d'une formation plus récente que ne l'est celle des Roches primitives ; et en effet, tandis que plusieurs de ces dernieres paroissent être aussi anciennes que notre globe, l'on peut reconnoître d'un autre côté, que les Roches secondaires n'ont été formées qu'à la suite de certaines révolutions arrivées à notre globe dans des temps bien postérieurs à la formation des Roches primitives : or, comme ces mêmes révolutions sont de nature à pouvoir se reproduire sans cesse, il résulte de là, que chaque jour de nouvelles breches et de nouveaux grès peuvent se former encore, ainsi qu'on en conviendra d'ailleurs sans peine d'après ce qui suit.

Des pierres, des Roches primitives, des masses de laves se brisent, tombent en éclats par quelques-uns de ces accidens auxquels notre globe est sans cesse exposé : ces éclats ou fragmens demeurent amoncelés, ou bien ils sont transportés d'un côté et d'autre par les eaux, jusqu'à ce qu'ayant pris une forme arrondie, ils viennent à se rassembler par tas plus ou moins considérables : dans l'un comme dans l'autre cas, ces fragmens reçoivent parmi eux des substances pierreuses, délayées et détrempées par les eaux ; de telles substances enveloppent ces mêmes fragmens, elles prennent consistance, se durcissent jusqu'à un certain point, et unissent le tout par masses tantôt plus, tantôt moins considérables, et voilà les Roches secondaires qui ont pris le nom de breches.

Quant aux grès, l'on reconnoît visiblement que les sables dont ils sont formés, ont été transportés par les eaux, et déposés ensuite dans des endroits où ils ont reçu un gluten quelconque qui les a unis en masses, le tout à la maniere de ce qui a lieu par rapport aux breches. Cette assertion que les grès proviennent d'un sable déposé par les eaux, se fonde 1 °. sur ce que ces Roches se trouvent disposées par couches, 2 °. sur ce que quelques grès abondent en productions marines, et 3 °. sur ce que les mêmes Roches forment de ces montagnes, nommées montagnes tertiaires, lesquelles sont visiblement l'ouvrage des eaux de l'océan : de tout cela il résulte donc, que les grès offrent réellement les traces de certaines révolutions que notre globe a essuyées en différens temps, révolutions qui ont opéré ces changemens successifs de quelques portions du bassin de la mer en des terres maintenant habitées.

Je passe à l'exposé des breches : cet exposé offrira une suite de *distinctions* que je placerai dans l'ordre le plus conforme à celui qui a été observé dans mon systême abrégé des terres et des pierres.

LES BRECHES.

PREMIERE DISTINCTION.

(Nº. CXXXII.)

Breche de calcédoine.

On trouve à Teutschlitta près de Kremnitz en Basse-Hongrie, une breche composée de fragmens de calcédoine blanche dans un jaspe brun-rougeâtre et jaune.

DEUXIEME DISTINCTION.

(Nº. CXXXIII.)

Breche de calcédoine et d'agate.

Cette breche est celle que quelques

curieux nomment en allemand *ruin-stein:* elle se trouve à Rochlitz en Saxe.

TROISIEME DISTINCTION.

Breche de caillou.

[*Breccia silicea* de CRONSTEDT § 273, et de WALLERIUS *spec.* 220.]

Cette breche est le *puddenstone* des Anglois; d'après cette dénomination les François se servent du mot de *poudingue* pour désigner la même breche, qui a été nommée *wurststein* par les Allemands.

Des cailloux d'une forme ordinairement arrondie composent la présente breche, et l'on tient en général que ces cailloux, dans quel poudingue que ce soit, sont des *pierres roulées*, unies par une matiere pierreuse qui leur sert de ciment. Il y a certainement un grand nombre de breches composées de *pierres roulées*, cependant l'on peut, comme j'ai dit ailleurs, former un doute si dans le nombre des poudingues, il n'y en a pas qui sont des Roches primitives, et qui ont par conséquent une origine bien différente de celle d'une breche quelconque : mais quoi qu'il en soit de ce doute qu'on éclaircira peut-être un jour, j'observerai, sans m'arrêter ici davantage, que la matiere pierreuse qui tient réunis les cailloux dont les poudingues sont composés, est tantôt d'une sorte et tantôt d'une autre, comme cela se verra par ce qui suit.

On a

(N°. CXXXIV.)

1. *Le poudingue dont les cailloux sont unis par un jaspe.*

Tels sont, pour la plûpart, les poudingues d'Angleterre : il s'en trouve aussi de cette sorte à Carlsbade en Boheme, à Facebai en Transylvanie ainsi qu'en Norwege.

(N°. CXXXV.)

2. *Le poudingue dont les cailloux sont unis par une argile durcie.*

L'on rencontre cette sorte de poudingue à Idria en Carniole.

(N°. CXXXVI.)

3. *Le poudingue dont les cailloux sont unis par une matiere calcaire.*

On trouve ce poudingue à Annaberg en Saxe, en Stirie, en Suisse et en France.

(N°. CXXXVII.)

4. *Le poudingue dont les cailloux sont unis par un grès.*

Ce poudingue est commun en France; on le trouve aussi dans le duché de Deux-Ponts.

(N°. CXXXVIII.)

5. *Le poudingue dont les cailloux sont unis par une ochre de fer.*

On trouve très-fréquemment ce poudingue en Suisse et en France. Voyez, sur les différens poudingues, GMELIN, trad. de LINNÉ, tom. *I*, png. 631 *et suiv.*

QUATRIEME DISTINCTION.

Breche de jaspe.

[*Breccia jaspidea* de CRONSTEDT § 272 et de WALLERIUS *spec.* 221.]

On a

(N°. CXXXIX.)

1. *La breche de jaspe, dont le gluten est la matiere même du jaspe.*

L'on a trouvé une telle breche non loin de Fréjus en Provence.

(N°. CXL.

2. *La breche de jaspe, dont le gluten est de la calcédoine.*

On trouve en Sicile une telle breche composée de fragmens d'un jaspe rouge-pâle, réunis par une calcédoine blanche en stalactite. Cette breche est d'une grande beauté.

CINQUIEME DISTINCTION.

(N°. CXLI.)

Breche de pétrosilex.

L'on rencontre à Idria en Carniole, une telle breche dont les fragmens de pétrosilex sont unis par une argile durcie. [BORN. *Ind. foss. pars I, pag.* 156.]

SIXIEME DISTINCTION.

(N°. CXLII.)

Breche de quartz.

[*Breccia quartzosa* de CRONSTEDT § 274 et de WALLERIUS *spec.* 219.]

On trouve à Carlsbad en Boheme, cette breche dont les fragmens de quartz sont unis par la matiere du jaspe. [BORN. *Ind. foss. pars I, pag.* 156.] L'on rencontre encore ailleurs différentes breches de quartz.

SEPTIEME

SEPTIEME DISTINCTION.

(N°. CXLIII.)

Breche de quartz et de pétrosilex.

L'on a trouvé au *Silber Harnischkam-mer* à Annaberg en Saxe, une telle bre-che, dont les fragmens de quartz et de pétrosilex sont unis par une matiere cal-caire : cette même breche sert de ma-trice à du cobalt. [BORN. *Ind. foss. pars I, pag.* 146.]

HUITIEME DISTINCTION.

(N°. CXLIV.)

Breche de trapp.

On a rencontré cette breche, dont les fragmens de trapp sont unis par la matiere du jaspe. [BORN. *Ind. foss. pars I, pag.* 156.]

F

NEUVIEME DISTINCTION.

(N°. CXLV.)

Breche d'argile durcie et schisteuse ou breche de schiste argileux.

[*Breccia schistosa* de WALLERIUS spec. 222.]

Cette breche se trouve à Hunneberg en Westrogothie.

DIXIEME DISTINCTION.

(N°. CXLVI.)

Breche de pierre calcaire grossiere.

Une telle breche se rencontre à Stitz en Boheme et aussi en Norwege.

ONZIEME DISTINCTION.

(N°. CXLVII.)

Breche de marbre.

[*Breccia marmorea* de WALLERIUS spec. 216. *Marmo breccia* ou *marmo brecciato* des Italiens.]

Tout le monde connoît cette breche vu le fréquent usage qu'en font les marbriers : elle se trouve en plusieurs contrées de l'Europe, telles que l'Italie, l'Allemagne, la Hongrie, etc. On a la breche de marbre d'Alep, qui est d'une grande beauté.

DOUZIEME DISTINCTION.

(N°. CXLVIII.)

Breche de porphyre.

[*Breccia porphyrea* de CRONSTEDT § 275 et de WALLERIUS *spec.* 223.]

Cette breche se trouve à Hykieberg en Dalécarlie.

TREIZIEME DISTINCTION.

(N°. CXLIX.)

Breche composée de fragmens de diffé-rentes Roches primitives.

[Breccia indeterminata de CRONSTEDT *§ 275. Breccia saxosa de* WALLE-RIUS *spec. 224.]*

L'on trouve une telle breche à Serna en Dalécarlie ainsi qu'à Hornen en Nord-land. Une breche de cette sorte se ren-contre aussi au *Lorenz-gegentrum* à Frey-berg en Saxe.

QUATORZIEME DISTINCTION.

(N°. CL.)

Breche de pierre calcaire grossiere et de lave.

Les eaux de la Paglia, riviere dans l'État de l'Église, charient des morceaux d'une telle breche que Ferber décrit ainsi : „ Espece de breche, dit-il, ou *pouddingstone,* composée de petits morceaux de lave arrondis et de petites pierres à chaux blanches, réunies par un ciment calcaire. " [*Lettres sur la minér. d'Italie,* pag. 367.]

QUINZIEME DISTINCTION.

(N°. CLI.)

Breche de pierre calcaire grossiere ou de spath calcaire, de quartz et de lave.

[C'est la *cicerchina* des Italiens.]

„ On nomme *cicerchina*, dit M. Ferber, une petite breche calcaire ou *pouddingstone*, composée de beaucoup de particules de spath calcaire, d'une moindre quantité de quartz et d'un grand nombre de morceaux de lave roulée, le tout lié par un ciment calcaire. " Dans un autre endroit M. Ferber parle encore d'une *cicerchina* „ à petits grains, composée de morceaux de pierre à chaux blanche, arrondis, de petits morceaux roulés de lave noire, et quelquefois de petits grains de quartz réunis par une matiere calcaire ; de temps à autre, ajoute notre auteur, il y a de petites taches vertes, qui m'ont paru provenir d'une argile durcie. " La *cicerchina* décrite dans le premier des passages que je viens de rapporter, se rencontre à Fiesoli dans le Florentin, et celle dont il s'agit dans le second de ces passages, a été trouvée parmi les productions que roule la Greve, riviere de la Toscane. *[Lettre sur la minér. d'Italie*, pag. **115** et suiv. et pag. 392 à la note.]

SEIZIEME DISTINCTION.

(N°. CLII.)

Breche de marbre et de lave.

L'on trouve une telle breche au *Monte Roca* et dans d'autres endroits du Vicentin. [Voyez les *Lettres de* FERBER, *pag.* 67 *et* 68.]

LES GRÈS.

Voici l'ordre qui sera observé dans l'exposé de ces Roches : elles présenteront certaines divisions générales, qui résulteront des matieres différentes, servant de gluten aux grains de sable qui entrent dans la composition de ces mêmes Roches; et les caracteres extérieurs de celles-ci, donneront lieu à des distinctions dont quelques-unes offriront certaines variétés.

PREMIERE DIVISION.

Grès dont les particules sablonneuses sont unies par un gluten argileux. Grès argileux.

[*Lapis arenarius glutine argillaceo* de CRONSTEDT § 276.]

F 4

PREMIERE DISTINCTION

Grès argileux compacte.

VARIÉTÉS.

(N°. CLIII.)

1. *Grès grossier, argileux et compacte.*

[*Arenarius granularis* de WALERIUS spec. 86.]

L'on trouve ce grès en plusieurs endroits de l'Angleterre, en Westrogothie, en Westmannie et ailleurs. [WALLERIUS *loc. cit.*] Je crois que l'on peut placer ici le grès que le même auteur appelle *cos saxosa*, spec. 85, et en outre celui qu'il nomme *cos molaris*, spec. 90 : à la présente variété appartiennent peut-être encore les grès que Linné a désignés sous les dénominations de *saxum aethereum*, de *saxum undulatum*, de *saxum fahlunense*, de *saxum Stenonis*, de *saxum frumentale* et de *saxum molinum*. [Voyez GMELIN, *trad. de* LINNÉ, *tom. I, pag.* 610, 611, 612 et 613.

(N°. CLIV.)

2. *Grès fin, argileux et compacte.*

[Lapis cotarius de WALLERIUS,
spec. 83.]*

Ce grès se rencontre en Dalécarlie,
en Westrogothie et ailleurs.

L'on trouve plusieurs grès qui, ap-
partenant à la présente variété, sont
d'une texture si serrée et si fine, qu'ils
prennent un assez beau poli, tel est entre autres celui qu'on nomme en allemand *Nanniesterstein [pierre de Nan-
niest]* parce qu'il a été découvert dans
la seigneurie de Nanniest en Moravie :
le fond de cette Roche est blanc, mar-
qué de lignes droites, paralleles entre
elles, et d'un brun - rougeâtre, tirant
quelquefois un peu sur le violet : le tout
est parsemé de petits grenats rouges. Les
raies colorées dont il s'agit, font voir
que ce grès s'est formé au moyen de
différentes couches de certains sables très-
fins, lesquels contenant des grenats, se
sont déposés successivement après avoir
été chariés par les eaux : voyez l'*Ab*-

handlung von Edelsteinen par BRUCK-
MANN, pag. 353 et suiv. ainsi que le
second supplément à cet ouvrage, pag.
250, où cet auteur dit que l'on trouve
aussi en Saxe et à Flinsberg en Silésie,
une pierre semblable au *Nanniesterstein*;
on peut au reste consulter encore, par
rapport à ce grès, la *minéralogie* de BO-
MARE, tom. **I**, pag. 429 et suiv.

DEUXIEME DISTINCTION.

(N°. CLV.)

Grès argileux écailleux.

[*Cos turcica* de WALLERIUS, *spec.*
81. Pierre à faulx : grès à aiguiser de
Turquie, de BOMARE, Esp. CLIX. On
a aussi donné à ce grès le nom de *pierre
du Levant* : en allemand on l'appelle
turkischer Schleifstein.]

Outre que ce grès se trouve en Turquie comme cela se voit d'après les dénominations rapportées ci-dessus, il se
rencontre encore en Suede, en Norwege, en Angleterre, en Basse - Bretagne
et en Lombardie.

TROISIEME DISTINCTION.

Grès argileux schisteux.

VARIÉTÉS.

(N°. CLVI.)

1. *Grès grossier, argileux schisteux.*

[*Arenarius fissilis durior, particulis majoribus* de WALLERIUS, *spec.* 87, *a.*]

Il se rencontre à Mosseberg en Westrogothie et ailleurs.

(N°. CLVII.)

2. *Grès fin, argileux et schisteux.*

[*Arenarius fissilis durior, particulis minoribus, et arenarius fissilis mollior* de WALLERIUS, *spec.* 87, *b* etc.]

Ce grès se trouve en Gestricie, en Westmannie et en Angleterre.

QUATRIÈME DISTINCTION.

Grès argileux poreux.

VARIÉTÉS.

(N°. CLVIII.)

1. *Grès grossier, argileux et poreux.*

[*Filtrum* de WALLERIUS , spec. 88. C'est le grès nommé vulgairement *pierre à filtrer.*]

L'on rencontre ce grès à Gera en Saxe, à Biorneborg en Finlande, dans les îles Canaries et aux côtes du Mexique. [WALLERIUS *loc. cit.*] Ce grès se trouve aussi à Libochwitz en Boheme. [BORN. *Ind. foss. pars I, pag.* 150.]

(N°. CLIX.)

2. *Grès fin, argileux et poreux.*

[*Cos foraminata* de WALLERIUS, spec. 89.]

On le trouve en Ingermannie. [Voyez WALLERIUS *loc. cit.*]

CINQUIEME DISTINCTION.

(N°. CLX.)

Grès argileux, friable et en particules impalpables.

[Lapis arenarius glutine argillaceo, particulis vix diſtinguibilibus : arenarius tripolitanus , Disp. mus. cæs. pag. 57. Terra tripolitana de CRONSTEDT §. 89. Tripela de WALLERIUS gen. 8.]

Ce grès appellé vulgairement *tripoli*, du nom de la contrée d'Afrique où on le trouve , se rencontre aussi en Auvergne , à Polinier en Bretagne , en Allemagne et ailleurs. *[* Voyez. la *minéralogie* de BOMARE, tom. I, pag. 103 et suiv. *]*

DEUXIEME DIVISION.

Grès dont les particules sablonneuses ſont unies par un gluten calcaire. Grès calcaire.

[Lapis arenaceus glutine calcareo de CRONSTEDT § 276.*]*

PREMIERE DISTINCTION.

(N°. CLXI.)

Grès calcaire compacte.

[*Quadrum* de WALLERIUS , spec. 84.]

On le trouve dans le Roussillon, à Salop en Angleterre, en Livonie et en Dalécarlie : Ce grès est en général fort commun, nommément aux Pays-Bas Autrichiens.

DEUXIEME DISTINCTION.

(N°. CLXII.)

Grès calcqire schisteux.

[*Arenarius fissilis, effervescens, liquabilis* de WALLERIUS spec. 87 , d.]

L'on rencontre ce grès à Jernstad en Westrogothie.

TROISIEME DISTINCTION.

(N°. CLXIII.)

Grès calcaire friable.

Tel est le *saxum Helenae* de Linné, ainsi nommé parce qu'il se trouve dans l'île de Ste. Hélene. [GMELIN, *trad.* de LINNÉ, *tom. I, pag.* 610.]

QUATRIEME DISTINCTION.

(N°. CLXIV.)

Grès calcaire crystallisé.

Ce grès a été découvert à Belle-Croix, nom d'une carriere qui se trouve dans la forêt de Fontainebleau. L'on conçoit bien que c'est à la matiere calcaire qui tient unies les particules sablonneuses de ce grès, qu'il faut attribuer la crystallisation de ce dernier. [Voyez BRUCK-MANN , deuxieme supplément à son *Abhandlung von Edelsteinen*, pag. 129 et suiv. à la note.]

TROISIEME DIVISION.

(N°. CLXV.)

Grès dont les particules sablonneuses sont unies par un gluten argileux et calcaire, c'est-à-dire par une marne. Grès marneux.

[*Quadrum micans* de WALLERIUS, spec. 84. e. *Cos particulis glareosis, margaceo argillaceis, bibula subeffervescens* de LINNÉ.]

L'on trouve un tel grès à Burswiken en Gothie.

QUATRIEME DIVISION.

(N°. CLXVI.)

Grès dont les particules sablonneuses sont unies par une ochre de fer. Grès ferrugineux.

[*Lapis arenaceus ochra martiali conglutinatus* de CRONSTEDT § 276.]

Ce grès est assez commun : il se trouve nommément aux Pays-Bas Autrichiens.

APPENDICE.

(N°. CLXVII.)

Breche composée de fragmens de grès.
Breche de grès.

[Breccia arenaria de WALLERIUS
spec. 217.*]*

Cette breche se trouve en Dalécarlie
et ailleurs.

Le *saxum amnigenum* de Linné est
une breche composée de fragmens de
grès, unis par une ochre de fer : cette breche se trouve en beaucoup d'endroits de
la Suede et particuliérement en Ostrogo-
thie. (GMELIN , *trad. de* LINNÉ, *tom.* **I**,
pag. 630 *et* 631.)

OBSERVATION.

Parmi les grès, il y en a qui servent
quelquefois de matrice à des métaux ,
ainsi on a trouvé dans des grès argileux du cuivre natif à Saska au bannat
de Témeswar , de l'ochre de cuivre
bleue à Salfeld en Saxe , de la mine de
cuivre jaune ou pyriteuse à Misbanya

en Basse - Hongrie ; de l'ochre de fer à Ahlen dans le duché de Wurtemberg : le grès contenant cette ochre de fer renferme des coquilles : on a rencontré en outre et également dans un grès argileux, de la sandaraque, c'est - à - dire, de la chaux d'arsenic mêlée de soufre à Skalka entre Kremnitz et Neusol en Basse - Hongrie, et dans un pareil grès on a trouvé de l'ochre de cobalt à Salfeld en Saxe. L'on a enfin découvert dans le duché de Sulzbach, lequel fait partie du Haut - Palatinat, un grès calcaire, contenant de la mine de plomb spathique : du reste, l'on peut considérer comme de vraies mines de fer, les grès dont les particules sablonneuses sont unies par une ochre ferrugineuse.

F I N.

TABLEAU

Général et systématique des Roches dont il est parlé dans cet ouvrage.

Ce Tableau servira en même tems d'index par ordre des matieres.

ROCHES

PRIMITIVES.

ROCHES A BASE DE TERRE SILICEUSE.

ROCHES DE JASPE.

ROCHES DE PÉTROSILEX.

ROCHES DE QUARTZ.

ROCHES

ROCHES DE MICA.

Roche composée de mica et d'asbeste. 85
de mica, d'asbeste et de gre-
nats . . . . . . ibid.
de mica et de grenats . . 86
de mica, de grenats et de
schorl . . . . . . ibid.
de mica et de schorl . . 87

ROCHES OU SIMPLEMENT MU-RIATIQUES, OU RÉELLEMENT A BASE DE MAGNÉSIE.

ROCHES DE TALC.

Roche composée de talc et de grenats. 88
de talc, de grenats et de quartz. 89
de talc et de tourmaline . ibid.

ROCHES DE STÉATITE.

Roche composée de stéatite et d'as-
beste 90
de stéatite, d'asbeste et de
mica . . . . . . ibid.
de stéatite et de mica . . 91
de stéatite, de mica et de gre-
nats 92

G

LES GRÈS.

Fin du Tableau systématique des
Roches

Ajoutez à ce qui est dit au N°. XII. pag. 28 l'observation suivante.

Il y a un *verde antico* ou porphyre à fond vert [voyez le N°. IX. 4.] composé de jaspe vert, de feldspath blanchâtre et de schorl noir : ce dernier est formé par petites masses dont la superficie se montre parsemée de tubercules semblables à celles que conservent certaines substances qui ont été dans un état de fusion ; en sorte qu'il paroît presqu'indubitable que le schorl du porphyre vert dont il s'agit, a été dans cet état de fusion et par conséquent que ce même schorl doit avoir une origine volcanique.

A la suite du N°. XXIV, ajoutez pag. 39. Une *Roche composée de quartz, de schorl écailleux ou hornblende et de grenats.* Cette Roche se rencontre à Sterzing en Tirol. L'on trouve aussi dans l'Iser près de Munich, des *pierres roulées* formées d'une Roche composée de quartz, d'une très-grande quantité de hornblende, et le tout est parsemé de grenats.

Après la Roche du N°. CI, ajoutez pag. 94. une *Roche composée de stéatite, de mica, de tourmaline et de quartz.* La stéatite et le mica mêlés ensemble dans cette Roche forment le *schneidestein* des minéralogistes allemands. On a trouvé la Roche dont il est ici question au Greiner en Tirol.

Pag. 121. N°. CXLIV après ces mots *on a rencontré* ajoutez *en Norwege.*